KB006090

추억과
흔적
사이를
걷다

일러두기

책에 실린 글은 2016~2017년 〈농민신문〉에 연재된 '농촌문화유산 답사기'를 수정·보완한 것이며, 일부는 새롭게 취재해 썼습니다. 따라서 신문 연재분과는 내용이 조금 다를 수 있으나, 취재원의 직함은 대부분 당시 그대로 실었습니다. 세부적인 수치도 2016~2017년 취재한 내용을 중심으로 작성했으며, 책 발간 시점에 바뀐 내용을 일부 반영했으나 달라졌을 수 있습니다.

책에 실린 사진은 대부분 〈농민신문〉의 김덕영 기자와 이희철 기자가 현장에 동행해 촬영했습니다. 현장에서 확보하지 못한 일부 사진은 농민신문 DB에 수록된 사진을 활용했습니다. 〈농민신문〉의 김병진 기자와 월간지 〈전원생활〉의 최수연·임승수·최지현·방상운·김성만 사진가가 촬영한 사진이 실렸습니다. 이밖에 몇몇 사진은 관련 기관에서 제공받아 해당 사진에 별도로 출처를 표시했습니다.

추억과 흔적 사이를 걷다

김봉아 지음

책넝쿨

추천사

최고의 교양도서이자 새로운 방식의 여행안내서

오래전 '강릉바우길' 탐사에 매달려 어떤 사명감처럼 걷는 길을 개척하고 알리는 일을 한 적이 있었다. 그때 저마다 자기 고장의 걷는 길을 탐사하고 알리는 '한국걷는길연합' 모임의 대표를 맡아 동지애적인 심정으로 전국의 많은 마을과 많은 길들을 둘러보았다.

〈농민신문〉의 김봉아 기자가 오랜 기간 발품으로 쓴 〈추억과 흔적 사이를 걷다〉가 내게 더 반갑고 가깝게 느껴지는 것도 이 책에 나오는 청산도 구들장논, 남해 가천다랭이마을, 하동 야생차밭, 구례 산수유마을, 제주 밭담, 진안 마을숲, 울진 금강소나무숲, 정선 백전리 물레방아, 강릉 안반데기가 바로 그 고장이 자랑하는 걷는 길을 끼고 있기 때문이다.

청산도에 가면 슬로길이 있고, 가천다랭이마을에 바래길이 있으며, 하동의 야생차밭과 구례 산수유마을은 지리산 둘레길 옆에 있고, 제주 밭담은 올레길, 진안 마을숲은 그 마을의 고원길과 통한다. 정선 백전리 물레방아는 아리바우길 옆에 있고, 안반데기는 강릉바우길의 한 코스이다.

길은 마을과 마을 사이를 잇는 동시에 그 마을들의 옛날의 삶과 지금의 삶을 잇는다. 그리고 그 마을 군데군데 오랜 세월 우리의 삶을 지켜오고 이어온, 삶의 터전으로서의 문화유산들이 있다.

비가 오면 물이 아래로 죽죽 빠져버리고 마는 모래질의 땅에서 방 아래로 불이 들어가는 구들장을 응용해 큰 돌을 평평하게 놓은 구들장 위에 진흙층을 깔아 벼를 심고, 구들장 아래로 불 대신 물이 흐르게 해 아랫논에 물을 대는 기상천외한 방식의 관개수로를 처음 생각해낸 사람은 누구였을까. 그렇게 논에 구들을 놓고 진흙을 깔고 아래로 수로를 만들기 위해 흘린 땀은 또 얼마였을까. 청산도의 슬로길을 걸으며 우리는 벼가 땅에 씨만 뿌리면 자라는 것이 아니라 저 옛날 글도 제대로 몰랐던 조상들의 지혜와 땀이 거기에 함께 배어 있다는 것을 알게 된다.

청산도 구들장논과 제주 밭담, 금산 인삼농업, 하동 야생차밭이 우리가 익히 알고 있는 필리핀 이푸가오의 계단식논, 페루 안데스 고원의 농업시스템과 함께 유엔식량농업기구(FAO)가 선정한 세계중요농업유산에 등재되어 있다는 것도 이 책을 통해서 알았다. 어쩌면 옆에 두고도 우리만 우리 것이

이 순 원
소설가 · 전 한국걷는길연합 대표

얼마나 귀한 것인지 잊고 있었던 것인지도 모른다.

나는 이 책을 일반 독자들보다 먼저 읽는 영광을 누리며 새해에는 틈나는 대로 이 책 속에 나오는 우리나라의 중요농업유산을 이 책을 들고 다시 공부하듯 둘러볼 생각이다. 가능하면 혼자가 아니라 그것을 알려주고 싶은 주변의 많은 사람들과 함께 공부하듯 다닐 것이다. 화려한 궁궐과 웅장한 사찰, 규모 큰 양반가의 고택 이야기가 아니라 예부터 먹고사는 일에 대하여 고민한 우리 농촌의 제대로 된 문화유산 답사기가 나왔다.

내게는 이 책이 우리 농촌의 문화유산을 새롭게 알려주는 의미 있는 교양도서인 동시에 틈틈이 어디로 가면 좋을지를 알려주는 좋은 여행안내서이기도 하다. 또 누구에게나 그러길 바란다.

머리말

사라져가는 시간에 대한 이끌림

낡고 오래된 것들에 늘 마음이 끌렸다. 칠이 벗겨진 소반이나 손때가 묻어 반질반질한 함지박 같은. 때때로 골동품점이나 인테리어 가게에서 그런 물건들을 보면 살까 말까 망설이곤 했다. 여행지에서도 그런 곳들에 먼저 눈이 갔다. 오래된 절과 예스러운 한옥, 시간이 멈춘 듯한 장터와 기차가 서지 않는 간이역.

생각해보니 낡고 오래된 것들의 근원은 대부분 농촌이었다. 그래서였을까. 도시에서 나고 자라던 어린 시절엔 시골이 고향이거나 시골에 할머니집이 있는 친구들이 부러웠다.

낡고 오래된 것들에 대한 이끌림은 어쩌면 '시간' 때문인지 모른다. 붙잡을 수 없는 시간에 대한 안타까움, 사라져가는 시간에 대한 아쉬움 때문인지도. 그래서 시간의 흔적이 남아 있는 물건과 장소에서 지난 시간의 의미를 헤아려보고, 그 시간을 간직하고 싶어하는 것인지도. 좋게 말하면 '역사에 대한 관심'이라 하겠고, 나쁘게 말하면 '과거 지향적'이라 할 수 있겠다.

과거 지향적이라 해도 좋다. 시간은 빠르게 흐르고 세상은 빠르게 변해간다. 변화의 속도는 점점 빨라져 누군가 붙잡지 않으면 많은 것들이 흔적도 없이 사라져버릴 것만 같다. 변화의 속도를 감당하지 못한 채 완전히 사라질 위기에 처한 것들을 누군가는 뒤돌아보고 어루만져줘야 하지 않을까. 이 책은 이렇듯 지극히 주관적으로 부여한 일말의 사명감(?)과 개인적인 관심에서 시작됐다.

변화의 속도를 감당하지 못하는 대표적인 곳이 농촌이다. 농촌과 농업은 변화에 따라가지 못한다는 이유로 홀대를 받고 있다. 과거로부터 이어져온 농촌의 전통들은 효율의 논리에 밀려 누구의 관심도 받지 못한 채 빠른 속도로 사라져가고 있다.

사실 돌이켜보면 몇 십 년 전만 해도 대부분의 사람들은 농촌에 살았고, 농촌에 존재하는 많은 것들은 우리 생활과 밀접한 관련이 있었다. 특히 농촌의 자원들은 대부분 생명 유지에 필요한 먹거리 생산과 연관된 것들이어서 더 소중하게 여겨졌다. 그런 자원들을 변화에 따라가지 못한다는 이유로, 효율성이 떨어진다는 이유로 완전히 폐기해버려야 하는 것일까? 생산성이 낮은 다랑논이나 정미소, 대장간 같은 곳들은 현대사회에서 더 이상 아무런 의미도, 가치도 없는 것일까?

그래서 사라져가는 농촌의 자원들을 찾아보기로 했다. 그중에서도 농업생산에 중요한 역할을 하면서 역사적·문화적·경관적으로 보존할 만한 가치가 있는 20곳을 '농촌문화유산'이라는 이름으로 둘러봤다. 구들장논·밭담 같은 국가중요농업유산으로 지정된 곳들을 먼저 살펴보고, 둠벙·물레방아·정미소·대장간처럼 농업 생산을 위해 어느 지역에나 있었지만 지금은 찾아보기 힘든 곳들도 다뤘다. 또 농촌에 방치돼 있다가 새로운 쓸모로 거듭난 창고들을 둘러보며 사라져가는 농촌의 자원들이 나아갈 방향도 모색했다.

취재한 곳들은 생산부터 가공까지 농사일의 순서에 따라 배열했다. 1장은 논, 2장은 밭, 3장은 나무와 숲, 4장은 수리시설, 5장은 가공·보관시설로 구성했다. 각 자원마다 마지막에는 관련된 볼거리나 먹거리 같은 유용한 여행 정보도 곁들였다.

취재는 대부분 2016년부터 2017년까지 이뤄져 책에 실린 내용이 현재의 모습과는 조금 다를 수 있다. 취재한 내용은 2016~2017년 〈농민신문〉에

'농촌문화유산 답사기'라는 이름으로 먼저 실렸다. 그 기사를 수정하고 보완해 엮었고 몇몇 곳은 추가로 취재해 덧붙였다.

취재 당시 만났던 농민들과 관계자들의 이름은 대부분 그대로 실었다. 지금은 직함이나 상황이 달라졌을 수도 있지만 현장감을 살리기 위한 것이니 이 자리를 빌려 양해를 구한다. 더불어 당시 적극적으로 안내해주고 많은 이야기를 전해준 지역의 여러 관계자들과, 성가신 질문에도 일일이 답해주고 사진촬영에도 기꺼이 응해준 농민들에게 감사드린다. 그분들이 있었기에 소중한 농촌의 유산들이 지금까지 존재하고 세상에 알려질 수 있게 되었다. 앞으로도 그분들이 오랫동안 제자리를 지켜주시기를 바라는 마음이다.

졸고를 모아 책을 낼 수 있도록 배려해준 농민신문사와 관심을 가져준 선후배들에게 고마운 마음을 전한다. 특히 취재에 동행해 사라져가는 농촌의 자원들을 사진으로 근사하게 기록해준 김덕영 기자, 이희철 기자를 비롯한 사진기자들은 이 책을 함께 만든 저자로 모시고 싶다. 또 좋은 책을 만들기 위해 저자보다도 더 밤잠을 설쳤을 기획출판부 손수정 차장의 노고는 오래도록 잊지 않을 것이다. 난생처음 책을 낼 수 있도록 기회를 만들어준

한국출판문화산업진흥원에도 감사 인사를 전한다.

"우리나라는 전 논밭이 박물관이다."

신문에 연재를 시작하면서 유홍준 교수가 〈나의 문화유산 답사기〉를 처음 펴낼 때 했던 말("우리나라는 전 국토가 박물관이다")을 따라 호기롭게 해본 말이다.

이 책은 전문적인 역사서도, 재미있는 여행서도 아니다. 저자의 얕은 지식과 단편적인 취재, 진부한 표현에 때론 한숨이 나올지도 모르겠다. 다만 이 책을 통해 우리 땅 어디에나 있는 논밭과 그 언저리를 한번쯤 박물관처럼 찬찬히 살펴보고 싶은 이끌림이 생긴다면 일말의 사명감이 헛되지 않았다고 스스로 위로할 수 있을 것 같다.

2018년 11월

김봉아

목
차

3장

사람과 마을과 시간을 품고

4장

흐르다 머물다 생명으로 스미는

1장

벼와 쌀과 밥을 넘어

청산도 구들장논

남해 가천다랭이마을

+

푸른 섬 청산도가 황금빛으로 물들었다.
누렇게 익은 벼가 바닷바람에 흔들린다.
고개를 숙인 벼가 뿌리 박은 곳은
세계 어디에서도 볼 수 없는 '구들장논'.
척박한 섬에서 탄생한 구들장논은 이제 세계의 유산이 되어
청산도의 역사를 새로 쓰고 있다.
몸을 뜨듯하게 지져주는 구들처럼
오랜 세월 섬사람들을 따듯하게 감싸준 삶의 터전,
전남 완도 청산도 구들장논으로 간다.

척박한 섬에서 탄생한 세계 유산

10년 전엔 몰랐다. 청산도를 처음 찾았던 그때, 청산도는 그저 조용하고 아름다운 섬이었다. 영화와 드라마 촬영지로 알려진 섬에서 아름다운 풍경과 함께 눈에 띈 건 투박한 돌이었다. 집과 마을을 둘러싼 돌담, 돌로 축대를 쌓아 만든 논. 그땐 그저 섬에 돌이 많아 그런가 보다 했다.

10년이 지나 다시 찾은 청산도는 여전히 아름다웠다. 그러나 오랜 세월 느리게 흘러온 청산도의 시간은 지난 10년만큼은 빠르게 흐른 듯했다. 아시아 최초의 '슬로시티'로 지정되며 '슬로길'이 생기고 펜션과 식당들이 곳곳에 들어섰다.

그리고 그 투박하고 볼품없어 보이던 돌들이 명물로 변해 있었다. 상서리의 돌담은 등록문화재(제279호)로 지정되었고 돌을 쌓아 만든 논들은 '구들장논'이라는 이름으로 2013년 국가중요농업유산(제1호)에 이어 2014년 유엔식량농업기구(FAO)의 세계중요농업유산으로 지정된 것이다. 10년 만에 찾은 청산도엔 변해서 좋은 것들과 변하지 않아서 좋은 것들이 그렇게 공존하고 있었다.

400년 전 그대로…시간이 느리게 흐르는 섬

"여기 사람들은 구들장논이라 부르지도 않았어. 방독('구들장'의 사투리)을 깔았다고 방독논이라 했지. 다들 그렇게 농사를 지었으니 여기만 있는 특별한 건지도 몰랐어."

섬 안은 섬 밖과 달랐다. 구들장논의 이름부터 구들장논에 대한 생각까지. 하긴 섬사람들에게 구들장논은 그저 오랜 세월 농사를 지어온 땅일 뿐이다.

세계중요농업유산에 지정된 구들장논의 면적은 5ha. 청산도에서도 구들장논이 밀집된 곳은 동부지역이다. 완도연안여객선터미널에서 배를 타고 50분가량 바닷길을 달리면 청산도 서쪽의 도청항에 도착한다.

항구에서 오른쪽 언덕으로 올라가면 영화 〈서편제〉와 드라마 〈봄의 왈츠〉 촬영지로 유명한 당리의 보리밭길이 나타난다. 보리밭길로 빠지지 않고 일주도로를 따라 동쪽으로 쭉 가면 나오는 부흥리·양지리·상서리가 구들장논을 보기 좋은 곳들이다. 이들 마을에는 구들장논 탐방로가 나 있고 양지리에는 구들장논 체험장도 있다.

구들장논이 생겨난 것은 청산도에 사람이 살기 시작한 때인 400여 년 전이다. 척박한 섬에는 농경지가 부족해 산비탈에까지 논을 만들었다. 땅에

+

황금빛 들판이 층층이 펼쳐진 청산도 구들장논.
멀리서 보면 다랑논과 비슷해 보이는 구들장논은 청산도에서만 볼 수 있다.

돌이 많아 돌로 석축을 쌓고 흙을 채웠는데, 사질토양이라 물이 잘 빠졌다. 그래서 물을 효과적으로 대기 위해 구들장논이라는 독특한 형태를 고안했다. 1592년 임진왜란 때 이순신 장군의 부하인 함양 박씨가 부흥리 지역에 터를 잡으면서 구들장논 조성이 시작됐다는 기록도 있다.

통수로 따라 귀한 물이 윗논에서 아랫논으로

구들장논 체험장이 있는 양지리로 향했다. 체험장에는 구들장논의 단면이 모형으로 전시돼 있다. 체험장 옆에는 마을 사람들이 일구는 실제 구들장논도 있다.

구들장논이라 하면 '바닥에 구들이 깔린 논'을 떠올리지만, 구들장논은 일종의 관개 시스템이다. 논에 물을 대는 방법이 아궁이와 구들을 이용한 전통 난방 방식을 닮았다고 할까. 체험장에 전시된 구들장논 단면을 살펴보면 구들장논의 구조를 쉽게 알 수 있다. 구들장논의 하부는 크고 작은 돌을 쌓아 만든 석축으로, 높이가 70㎝에서 3m에 이른다. 그 위에는 물이 빠지지 않도록 작은 돌과 흙을 섞어 다진 20~30㎝의 혼합토층 '밑복글'이 있다. 밑복글 위에는 작물이 생육하는 표토층인 '윗복글'이 20~30㎝ 덮여 있다.

좁은 논이 층층이 이어진 외형만 보면 구들장논은 비탈진 곳에 있는 다랑논과 비슷해 보인다. 그러나 다랑논과 다른 점은 석축에 용·배수를 담당하는 네모난 구멍 통수로가 있다는 것이다. 청산도에서는 통수로를 '수문' '수구'라 부른다. 통수로의 깊이는 보통 3~10m이며, 통수로 앞에는 돌로 만든 '샛똘'이라는 좁은 수로가 있어 수량을 조절한다. 아궁이로 불의 세기를 조절하듯 아랫논에 물을 채울 땐 샛똘의 돌을 열고, 물을 대지 않을 땐 돌을 막는 것이다. 논 가장자리로 흐르는 샛똘은 수온을 높여 농작물의 냉해를 방지하는 역할도 한다. 이러한 구조로 물은 위에서 아래로 층층이 흐르

상서리에서는 석축에 통수로가 2~4개씩 뚫린 구들장논을 볼 수 있다.
청산도 사람들은 물이 나는 곳마다 통수로를 내고 석축을 쌓아 논을 만들었는데,
구멍 윗부분에는 무너지지 않도록 구들장처럼 넓적한 돌을 받쳤다.

+

+

구들장논의 통수로에서 내려온 물은 '샛똘'이라는 좁은 수로로 흐른 뒤
아랫논으로 이어진다. 샛똘은 수량을 조절하고
수온을 높여 농작물의 냉해를 방지한다.
상서리의 박근호 씨가 샛똘 주변을 정리하고 있다.

며 논을 적신다. 이기채 구들장논보존협의회장은 이렇게 설명했다.

"물이 귀하다 보니 윗논에 댄 물이 아랫논으로 이어지도록 석축에 통수로를 만든 거예요. 논이 있는 곳의 수량(水量)에 따라 통수로의 개수와 크기가 다른데, 어떤 논에는 통수로가 3~4개씩 있는 곳도 있어요."

쟁기질부터 물 대기까지 독특한 농경문화

상서리에 도착하자 정말 통수로가 3~4개씩 뚫린 논들이 보였다. 크기도 모양도 제각각인 통수로의 안쪽을 들여다보았다. 구멍 윗부분에는 구들장처럼 넓적한 돌이 받쳐져 있고 돌에는 푸른 이끼가 끼어 있었다. 전날 비가 와서인지 통수로에서 물이 졸졸 나와 논 옆으로 이어진 샛똘로 흘러들었다.

"물이 나오는 곳마다 모두 통수로를 내고 논을 만들었어요. 논을 만들 땐 마을 사람들이 울력으로 함께 했지요. 땅에 큰 돌이 있으면 그 돌 높이에 맞춰 축대를 쌓다 보니 통수로의 높이도 다 달라요. 통수로가 막히지 않도록 관리해주는 게 중요한데, 통수로가 막히면서 제 기능을 못하는 구들장논들도 많아요."

허물어진 구들장논을 다시 복원해 농사를 짓는 박근호 씨의 얘기다. 청산도 주민들은 40~50년 전까지도 구들장논을 만들었고, 지금도 수시로 보수작업을 하고 있다.

김광신 양지리 이장은 "어릴 적 농한기가 되면 아버지와 함께 돌을 쌓아 논을 만들었는데, 1년 동안 5평을 내기도 힘들었다"고 회상했다.

어렵게 만든 구들장논에서는 농사를 짓기도 어려웠다. 청산도에 경운기가

들어온 것은 1970년대. 경지 정리가 되지 않은 구들장논에서는 소를 이용해 농사를 지어야 했고, 소를 빌려 쓰는 '소언두'라는 품앗이 제도도 있었다.

문제는 쟁기질과 써레질이었다. 흙의 두께가 20~30㎝로 얕아 조금만 깊이 파면 쟁기나 써레가 돌에 부딪히곤 했다. 그래서 청산도에서 쓰는 쟁기는 일반 쟁기와 모양이 달랐다. 또 쟁기질도 일반 논보다 3~4차례 더 해야 했다. 박근호 씨는 농작업의 어려움을 이렇게 토로했다.

"농기계로 농사를 짓는 지금은 농기계 부품을 수리하는 비용이 많이 들어요. 기계가 돌에 부딪혀 쉽게 닳거든요. 또 아래가 돌이라 논에 물을 대면 3일도 못 가 다 빠져버려요."

푸른 섬 청산도는 봄이면 노란 유채꽃으로 물든다.

석축과 통수로의 독특한 구조는 다양한 생물들의 보금자리가 되기도 했다. 특히 구들장논을 애용한 동물이 있으니 바로 '쥐'다.

"논가에 쥐가 갉은 볏대가 수북하게 쌓여 있곤 했어요. 돌 사이에 틈이 많고 곡식이 자라니 쥐가 살기엔 기가 막히죠. 쥐약 값만 해도 꽤나 들었다니까요."

김광신 이장의 말처럼 해를 끼치는 쥐 같은 동물도 있지만 구들장논의 명성을 높인 생물도 있다. 투구처럼 생긴 긴꼬리투구새우로, 흙 속의 유기물을 먹고 살며 잡초와 해충을 막아주는 역할을 한다. 긴꼬리투구새우는 고생대 석탄 지층에서 발견된 화석의 모양과 똑같아 '살아 있는 화석'으로 불린다.

2012년까지 멸종위기야생동물 2급으로 지정됐던 긴꼬리투구새우는 상서리의 구들장논에서 발견돼 화제가 됐으며, 상서리에는 긴꼬리투구새우 체험장과 전시관이 있다. 찻집을 겸한 전시관에서는 긴꼬리투구새우는 물론 돌담이 아름다운 상서마을 이야기를 만날 수 있다.

김미경 구들장논보존협의회 사무국장은 "긴꼬리투구새우는 논에 물을 대는 시기에 상서리의 구들장논에서 볼 수 있다"며 "산과 마을의 경계에 있는 구들장논에는 긴꼬리투구새우뿐 아니라 도롱뇽·수달·구렁이 등 다양한 생물종이 서식해 생태적 가치가 높다"고 말했다.

비어가는 논, 시간이 더 느리게 흐르기를

이렇듯 독특한 구조와 농경문화, 생태적 가치로 세계중요농업유산에까지 올랐지만 구들장논이 처한 현실은 녹록지 않다. 농사를 짓지 않아 잡풀만 무성한 묵정논이 매년 늘고 있는 것이다.

대선산과 고성산 능선 아래 계곡을 따라 구들장논이 길게 이어진 부흥리는 상황이 더욱 심각했다. 산비탈에 있어서인지 탐방로를 따라 둘러본 구들장논들은 대부분 묵정논이었다. 늘어진 잡풀과 억새 사이로 언뜻 보이는 석축만이 구들장논의 흔적처럼 남아 있었다.

"농민들이 나이가 들면서 농사를 안 지으니 방법이 없어요. 구들장논의 휴경을 막고 보존할 방법을 모색하고 있지만 답이 없어요. 국가적 차원에서 지속적인 보존 방안을 마련해줬으면 합니다."

이기채 구들장논보존협의회장의 말을 듣고 있으니 구들장논의 통수로가 막힌 듯 마음이 답답해졌다. 협의회에서는 주민들의 고령화로 사라져가는 구들장논을 살리기 위해 '구들장논 오너제'를 운영하고 있다. 1구좌당 3만 원을 내면 구들장논 오너제에 참여할 수 있으며, 참여한 회원에게는 구들장논에서 생산된 쌀과 잡곡 등을 보내준다. 오너제를 통해 모은 기금은 구들장논 경작·복원 활동, 도시민 교류 행사, 농가 교육 등에 사용된다. 2014년부터 시작된 구들장논 오너제에는 방송인 김제동 씨, 배우 손현주 씨, 개그맨 정준하 씨가 참여하기도 했다.

그러나 이러한 노력에도 불구하고 청산도를 찾는 관광객들조차 구들장논에는 그다지 관심을 갖지 않는 게 현실이다.

김미경 사무국장은 "청산도를 찾는 관광객들은 많지만 구들장논에 대해서는 잘 모르는 사람들이 많고 관심을 가지지도 않는다"면서 "아름다운 자연풍경이야 어디에나 있지만, 농민들의 삶이 담긴 구들장논은 어디에도 없다"고 말했다.

느린 섬 청산도의 시간이 더 느리게 흐른다면 얼마나 좋을까. 구들장논을 일구는 저들의 허리가 더는 굽지 않았으면, 황금빛 논배미가 더는 줄지 않았으면……. 안타까운 마음만 남겨둔 채 느릿느릿 배에 올랐다.

+
청산도에서 농사를 짓는 이들의 허리는 점점 굽어가고 있다. 언제까지 이들이 구들장논을 지킬 수 있을까.

‘느린 섬’ 청산도 슬로길과 슬로푸드

당리 보리밭길

‘청산도에서 빠름은 반칙입니다.’
청산도 ‘슬로길’을 안내하는 문구다. 2007년 국제슬로시티연맹으로부터 아시아 최초의 ‘슬로시티(Slowcity)’로 선정된 청산도에는 슬로길이 있다. 매년 봄 유채꽃이 필 무렵이면 슬로길 걷기축제도 열린다. 슬로길에는 구들장논을 볼 수 있는 코스도 있어 청산도 구석구석을 느릿느릿 톺아보기에 좋다.

슬로길은 청산도 주민들이 오래전부터 마을에서 마을로 이동할 때 이용하던 길이다. 모두 11코스(17길)이며 100리(42.195km)에 이른다. 마라톤 풀코스와 길이가 같다. 2011년에는 국제슬로시티연맹 공식인증 세계슬로길 1호로도 지정됐다.

슬로길 중 관광객들이 가장 많이 찾는 구간은 1코스다. 도청항에서부터 미항길, 동구정길, 서편제길, 화랑포길로 이어지는 코스로 90분 정도 걸린다. 영화 <서편제>에서 주인공들이 어깨춤을 추며 진도아리랑을 부른 보리밭길과 드라마 <봄의 왈츠> 세트장 등 청산도의 대표적인 명소를 만날 수 있다.

구들장길과 다랭이길로 이뤄진 6코스는 구들장논을 체험할 수 있는 길이다. 양지리와 부흥리 일대의 구들장논을 바라보며 논길을 타박타박 걷기 좋다. 양지리 구들장논체험장에서는 구들장논의 구조를 살펴보며 체험도 할 수 있다.

청산도에서는 슬로푸드도 맛봐야 한다. 슬로푸드를 맛볼 수 있는 곳은 양지리에 있는 ‘느린섬여행학교’. 2009년 폐교된 청산중학교를 리모델링한 느린섬여행학교는 느림의 미학을 체험할 수 있는 곳이다. 청산도

느림밥상

청산도탕

의 고유 음식을 계승·발전시킨 슬로푸드 체험, 전통 어로법인 휘리그물을 이용한 체험 등을 진행한다.

느린섬여행학교에서 제공하는 슬로푸드에는 건강밥상과 느림밥상, 슬로푸드정식이 있다. 건강밥상에는 톳밥과 해조류된장국에 고등어구이, 기본 반찬이 나온다. 느림밥상은 여기에 전복찜이나 삼치구이가 더해진다. 4인 이상 사전예약이 필요한 슬로푸드정식에는 계절별로 특선 반찬들이 추가된다.

슬로푸드 밥상의 기본이 되는 톳밥에는 청산도 주민들의 애환이 담겨 있다. 해조류인 톳을 섞은 톳밥은 쌀이 부족하던 시절, 보릿고개를 넘을 때 애용하던 음식이다. 보리마저 부족해 톳을 섞어 밥의 양을 늘린 것이다. 톳에는 칼슘과 철분 등 영양이 풍부해 춘궁기에 건강까지 챙길 수 있었다.

청산도를 대표하는 슬로푸드가 또 있다. 바로 '청산도탕'으로, 청산도에서는 제사상에 올리는 귀한 음식이다. 조선시대 때 청산도로 유배 온 선비에게 손님이 찾아오면 귀한 쌀과 해산물을 끓인 음식을 대접한 데서 유래됐다고 한다. 이름은 국물요리 같지만 모양은 죽에 가깝다. 청산도에서 나는 해물을 잘게 썰어 잡곡가루와 함께 죽처럼 되직하게 끓인다. 계절에 따라 전복·문어·배말·군소·홍합 등 다양한 재료가 들어간다. 맛은 뭐랄까, 심심한 듯하면서도 고소해 먹을수록 입맛을 당긴다.

+

골짜기의 바람이
푸른 산을 층층이 깎아내린 걸까,
하얀 파도가 푸른 산을 층층이 밀어올린 걸까.
경남 남해의 다랭이마을은
산 위에서부터 바다까지 이어진
계단식 논이 절경을 이루는 곳이다.
수백 년 전 바다와 맞닿은 산비탈을 깎아 만든
크고 작은 다랑이에는
어떤 이야기들이 자라고 있을까.

108층 다랑논에서 자라는 과거와 현재

'다랭이'는 '다랑이'의 사투리다. 다랑이는 '산골짜기의 비탈진 곳에 있는 계단식으로 된 좁고 긴 논배미'를 말하며 '다랑논'이라고도 부른다. 아직도 우리나라에는 경지 정리가 어려운 산골짜기 곳곳에 다랑논들이 펼쳐져 있다. 그러나 '다랭이마을'이라고 불리는 곳은 하나밖에 없다. 산과 바다 사이에 다랑논들이 층층이 이어진 경남 남해의 '가천다랭이마을'이다.

언제가 가장 아름다울까? 가천다랭이마을은 때가 되기만을 손꼽아 기다려온 곳이다. 추석 열흘 전, "올벼가 누렇게 익었으니 지금 오라"는 마을 이장의 기별이 왔다. 추석 전에 벼를 벨 거라기에 때를 놓칠세라 부랴부랴 출발했다. 108층에 683개의 다랑이가 있다던가. 산에서부터 바다까지 일렁이는 누런 물결을 상상하자, 네 시간이 넘는 먼 길도 그리 멀게 느껴지지 않았다.

남해는 우리나라에서 다섯 번째로 큰 섬이다. 1973년 남해대교가 생기면서 육지와 연결됐다. 하동에서 이어지는 남해대교를 건너자, 길은 바다를 끌어안았다가 놓아주기를 반복하며 아래로 아래로 내려갔다. 그 길의 맨 끄트머리인 남면 홍현리, 드디어 다랭이마을이 모습을 드러냈다.

가파른 산비탈 오르내리며 만난 다랑논

다랭이마을에는 두개의 시간이 공존한다. 하나는 수백 년 전부터 이어져온 과거의 느리고 불편한 시간이고, 다른 하나는 현재의 빠르고 편리한 시간이다. 마을 위쪽에 있는 넓은 주차장과 관광안내소·카페·매점은 다랭이마을이 유명해지면서 생겨난 곳들로, 현재의 시간이 만든 공간이다. 관광객들은 주차장에 차를 대고 카페와 식당에서 여유롭게 내려다보며 마을과 바다를 감상할 수 있다.

그러나 과거의 시간으로 들어가지 않고서는 다랑논을 제대로 볼 수 없다. 45~70도에 이르는 급경사의 산비탈에 있는 다랑논들은 좁고 가파른 고샅을 따라 이리저리 기웃거려야 그 모습을 온전히 보여준다.

집과 집, 집과 논 사이로 난 좁은 골목길을 따라 천천히 걸었다. 경사가 가팔라 잠시만 걸어도 다리가 뻐근해졌다. 이 길을 마을 사람들은 하루에 몇 번씩이나 오르내리는 걸까.

그런데 길 옆으로 펼쳐진 다랑논들은 그동안 보아왔던 사진 속 풍경과는 다른 모습이었다. 곳곳에 아무것도 심어지지 않은 빈 다랑이가 있는가 하면, 풀로 무성하게 뒤덮인 다랑이도 있었다. 아니나 다를까. 골목에서 만난 한 무리의 관광객들이 다가와 물었다. "다랑논이 어디에 있어요?"

관광객들은 다랑논을 옆에 두고도 알아보지 못했다. 지금이 가장 아름

+

아무것도 심지 않은 텅 빈 다랑이들이 바다를 향해 늘어서 있다.
주민들이 고령화되면서 농사를 짓지 않는 논들이 늘고 있는 것이다.
돌로 쌓은 축대와 황토색 흙이 드러난 다랑이들은
황량하고 스산해 보인다.

다운 때라더니 어떻게 된 일일까?

"주민들이 고령화돼 농사를 짓지 않는 논들이 많아요. 100여 명의 마을 주민 중 60%가 65세 이상 노인들이거든요. 80세가 넘는 어르신들도 많고요. 그 나이에 산비탈 다랑논에서 어떻게 농사를 짓겠어요?"

손명주 이장의 설명이다. 절경을 기대하며 도착한 다랭이마을에서 절경보다 먼저 만난 건 안타까운 현실이었다. 683개(22만7554㎡)의 다랑이 가운데 벼가 심어진 곳은 10% 정도. 나머지 90% 중에서도 콩·깨·고추 같은 밭작물이 심어진 다랑이는 30%에 불과했다.

10여 년 전만 해도 크고 작은 다랑이들은 푸른 벼로 꽉꽉 차 있었다. 위로는 설흘산(481m)과 응봉산(472m) 9부 능선까지, 아래로는 바다 바로 앞까지 층층이 이어진 다랑논은 사계절 진풍경을 연출했다. 봄이면 다랑이마다 가득 찬 논물에 붉은 노을이 어렸고, 가을이면 누런 논배미들이 만든 구불구불한 등고선들이 바람에 꿈틀거렸다.

남해바다 끄트머리에서 보석처럼 반짝이는 그 풍경이 알려지면서 다랭이마을은 2001년 환경부의 '자연생태우수마을', 2002년 농촌진흥청의 '농촌전통테마마을'에 선정됐다. 이어 2005년엔 농촌마을 중에서는 처음으로 국가명승(제15호)으로 지정돼 지금은 연간 40만 명이 찾는 유명 관광지가 됐다.

그러나 다랭이마을의 명성은 날로 높아졌지만, 다랑논은 점점 그 모습을 잃어갔다. 돌로 쌓은 축대는 해마다 무너져 내렸고, 밭으로 변한 다랑이에는 두더지가 파고들어 비가 오면 허물어졌다. 상황이 심각해지자 남해군에서는 다랭이마을 보존을 위한 조례를 제정했고, 마을에서는 2013년 '다랑이논보존회'를 설립해 다랑논의 보존과 관리에 나섰다. 하지만 그마저도 쉽지 않았다.

"대부분의 논이 사유지라 주인이 농사를 짓지 않겠다고 하면 어쩔 수가 없어요. 힘들여 농사지어봐야 남는 게 없으니 누가 농사를 짓겠어요? 명승으로 지정된 만큼 문화재청에서 논을 모두 매입해 관리해야 합니다. 사실 문화재로 지정된 이후에는 제약만 많아졌어요."

국가명승으로 지정된 지 10여 년. 주민들에겐 혜택보다는 불편이 컸다. 논을 다른 용도로 사용할 수 없는 것은 물론 논언덕(논두렁)이 허물어져도 보수조차 마음대로 할 수 없었다. 문화재청 직원들이 나와 보수를 해야 했고, 신청부터 작업까지 몇 달씩 걸리기도 했다. 오랜 세월 힘들게 지켜온 다랑논을 이러지도 저러지도 못하고 있는 상황이다.

+

해안가를 따라 이어지는
'다랭이지겟길'에서는 바다와 다랑논이
어우러진 절경을 만날 수 있다.

경운기

수백 년 소와 낫으로 힘겹게 일군 삶의 터전

다랑논이 언제 조성됐는지 정확한 자료는 없지만, 400년 전 마을이 형성되면서 함께 만들어졌을 것으로 추정된다. 바다와 맞닿아 있지만 가파른 산비탈에 거센 파도가 몰아치는 마을엔 포구를 만들 수 없었고, 그러니 배를 댈 수도 없었다. 바다에 생계를 맡길 수 없게 된 사람들은 바다 대신 산을 택했다. 산비탈을 깎아 논을 만들고, 땅에서 캐낸 돌로 석축을 쌓았다.

최대한 많은 땅을 얻기 위해 석축을 90도로 곧추세웠고, 작은 자투리 공간에도 논배미를 만들었다. 그렇게 생겨난 작은 다랑이를 '삿갓배미'라 부르는데, 여기엔 재미난 이야기가 전한다. 옛날 한 농부가 논을 세어보니 한 배미가 모자랐다. 아무리 찾아도 없기에 그냥 집에 가려고 삿갓을 들었더니 그 밑에 한 배미가 숨어 있었다는 얘기다.

손 이장은 "과거엔 벼 몇 포기만 심은 작은 삿갓배미가 진짜 많았다"면서 "주민들이 품앗이로 다랑이를 쳤는데(만들었는데) 언젠가 다랑논의 전체 둘레를 재어보니 40㎞나 됐다"고 말했다.

뒷걸음질이라도 치면 바다에 빠질 것 같은 좁은 다랑이에서 농사는 어떻게 지을까? 과거엔 소로 밭을 갈고 낫으로 벼를 벴지만, 지금은 대부분 농기계를 이용한다. 그러다 보니 집집마다 있던 일소도 사라져 이젠 마을 전체에 한 마리만 남았다고 한다.

+

좁은 다랑이에서 농부가 경운기를 이리저리
돌려가며 힘겹게 땅을 갈고 있다.
바다와 맞닿은 산비탈 다랑이에서 농사를
짓는 일은 예나 지금이나 쉽지 않다.

작은 논배미에서 덜덜거리는 경운기를 이리저리 돌려가며 힘겹게 밭을 갈던 80대의 김태곤 씨는 "하루에도 수십 번씩 지게를 지고 오르내려 허리가 꼬부라지고 골병이 들었다"고 어려움을 털어놨다.

길에서 만난 권옥희 씨도 "바다에 맞닿은 다랑이에서 거름을 주려고 똥장군에 인분을 담아 지고 들어갔다가 잘못 내려놓아 바다로 인분이 떨어지기도 했다"고 옛일을 떠올렸다.

논배미의 모양을 눈으로 그려가며 걷는 동안, 비어 있는 논배미들 사이로 노란빛, 푸른빛으로 물든 논들이 하나둘 보였다. 드디어 사진으로 봤던 절경이 펼쳐진 것이다. 누런 벼들이 바다를 향해 머리를 늘어뜨린 모습이라니! 벼가 익어가는 논배미 몇 개만으로도 눈이 부셨다.

누런 다랑이들이 넘실대는 날을 기다리며

다랭이마을에는 또 다른 볼거리가 있다. 마을 가운데 있는 '암수바위'와 '밥무덤'이다. 암수바위는 남근 모양의 숫바위와, 임신해 만삭이 된 여성이 비스듬히 누워 있는 모습의 암바위를 말한다. 마을에서는 숫바위를 '숫미륵', 암바위를 '암미륵'이라 부른다. 1751년(영조 27년) 이 고을 현령의 꿈에 한 노인이 나타나 "가천에 묻혀 있는 나를 일으켜달라"고 부탁해 땅을 파보니 암수바위가 나타났다고 한다. 또 이곳에서 빌면 아이를 갖게 된다는 이야기도 있다.

150㎝ 높이로 돌을 둥글게 쌓아 만든 밥무덤에는 실제로 밥이 묻혀 있다. 주민들은 매년 음력 10월 15일이면 밥을 지어 한지에 싼 뒤 돌무덤 속에 넣어두고 제를 지낸다. 그런 다음 일주일 후인 음력 10월 23일 밤 12시에는 숫바위에서 미륵제를 올린다. 마을의 안녕과 풍년, 풍어를 기원하는 것이다.

+

주민들은 돌을 둥글게 쌓아 만든 밥무덤에 밥을 넣어두고 제를 지낸다.
남근 모양의 숫바위와 임신한 여성을 닮은 암바위도 풍년과 풍어를 기원하는 대상이다.

+

+

하늘에서 다랭이마을을 내려다볼 수 있다면 얼마나 좋을까.
산에서부터 바다까지 이어진 크고 작은 683개의 다랑이들을
한눈에 볼 수 있을 것이다.

골목 귀퉁이를 돌 때마다 나타나는 벽화들도 오래된 마을에 정취를 더한다. 쟁기 끄는 소, 고기 잡는 어부, 마늘 까는 아낙네 등 주민들의 생활을 표현한 그림들이 그려져 있다.

담장에 그려진 벽화를 보며 마을 끝까지 내려가자 드디어 바다가 한눈에 보였다. 해안가에는 마을과 다랑논을 둘러볼 수 있는 산책로가 조성돼 있다. 남해의 해안가를 따라 걷는 '바래길' 1코스 '다랭이지겟길'이다. '바래'는 갯벌에서 해산물을 채취하는 작업을 뜻하는 남해 사투리로, 바래를 하러 다니던 길이 바래길이다. 바래길은 10개 코스로 돼 있으며, 다랭이지겟길은 평산항에서 다랭이마을까지 이어지는 16㎞ 구간이다.

다랭이지겟길을 따라 걷다 문득 뒤돌아보니 깎아지른 산비탈에 늘어선 다랑이들이 바다를 굽어보고 있었다. '예나 지금이나 푸른 바다는 그대로구나.' 환청이었을까. 텅 빈 다랑이들이 푸념처럼 내뱉는 소리가 파도소리와 함께 웅웅거렸다.

+
골목을 돌 때마다 나오는 벽화가 걷는 재미를 더한다.

다랭이마을에서 맛본 남해 별미 '멸치쌈밥'

다랭이마을이 유명해지면서 마을엔 먹고 잘 곳도 많이 생겼다. 작은 마을에 민박집만 30곳 가까이 되며 식당도 대여섯 곳이나 된다.

멀고 먼 남해까지 왔으니 남해의 별미를 맛봐야 할 터. 다른 곳으로 갈 필요 없이 마을의 어느 식당으로든 들어가기만 하면 된다. 어느 집에서나 남해 별미인 멸치쌈밥과 멍게비빔밥, 유자막걸리를 맛볼 수 있다.

이 중 멸치쌈밥은 남해의 별미 중에서도 별미다. 멸치를 국물용이나 볶음용으로만 생각했다면 멸치쌈밥 한입에 생각이 바뀔 것이다. 남해의 멸치는 죽방렴으로 잡아 품질이 좋기로 유명하다. 남해에서는 예부터 참나무 말뚝 사이에 대나무로 만든 그물 죽방렴을 세우고 물고기를 가둬 잡는 전통방식으로 멸치를 잡아왔으며, 죽방렴은 국가중요어업유산(제3호)으로도 지정됐다. 창선교 주변 지족해협에 가면 바다에 죽방렴이 설치된 모습을 볼 수 있다.

다랭이마을 전경

죽방렴으로 잡은 멸치는 손가락만 하게 굵어 회로 먹기에도 좋다. 멸치회는 멸치가 많이 잡히는 봄이 제철이다.

멸치회와 달리 사철 맛볼 수 있는 멸치쌈밥은 남해 사람들이 새참으로 즐겼다고 한다. 멸치쌈밥은 통멸치를 넣어 자작하게 끓인 멸치찌개에서 멸치를 건져 상추에 싸 먹는 음식이다. 멸치찌개는 된장과 고춧가루·마늘·시래기·파 등을 넣어 칼칼하게 끓이는데, 재료는 집집마다 조금씩 다르다. 통통하게 살이 오른 멸치를 건져 쌈을 싸서 입

에 넣으면 고소한 멸치가 부드럽게 씹히며 양념과 어우러진다. 식감도 여느 생선 못지 않아 "멸치도 생선이냐"라는 말을 무색하게 한다. 여기에 남해 특산물인 유자의 새콤한 맛이 더해진 유자막걸리를 곁들이면 여행의 피로가 금세 달아난다.

보다 건강하고 담백한 맛을 원한다면 다랭이마을의 '다랭이팜농부맛집'으로 가보자. 이 집은 다른 집들과 달리 곡멸치(보리멸치)로 만든 멸치찌개를 내놓는다. 곡멸치는 까나리액젓을 만드는 데 쓰는 멸치로, 뼈가 부드러워 통째로 먹기 좋고 비린내가 나지 않는다. 합성감미료를 사용하지 않고 유기농 7분도 현미와 토종 앉은뱅이밀 누룩으로 발효시킨 생막걸리·유자막걸리·흑미막걸리도 맛볼 수 있다.

멸치쌈밥

멸치쌈밥과 막걸리

2장

돌과 흙과 바람을 일궈

제주 밭담
하동 야생차밭
강릉 안반데기
금산 인삼밭

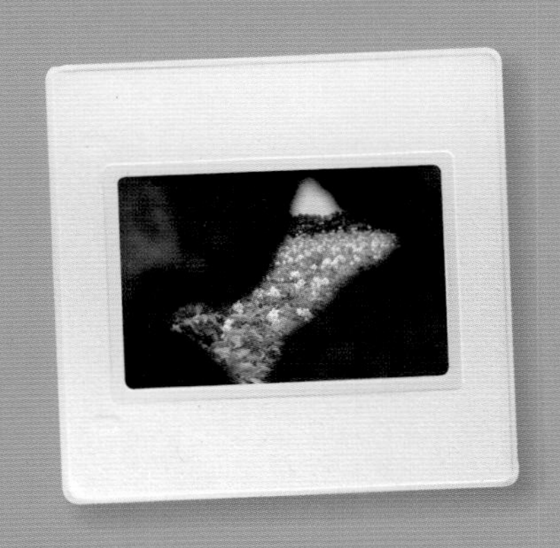

+

땅을 파면 검은 돌이 나왔다.
농사를 짓기 위해 골라낸 돌로 담을 쌓았다.
담은 바람과 짐승을 막았다.
무너지면 다시 쌓기를 수천 년.
돌 많고 바람 많은 제주의 밭담은
그렇게 농업과 농촌을 지켰다.
검은 용처럼 구불구불 이어진 밭담은
이제 제주의 생활이 되고
문화가 되고 풍경이 됐다.

섬사람들의 삶 속에서 꿈틀거리는

생각해보면 제주에서 돌담은 언제나 배경이었다. 바다와 오름, 유채꽃 같은 아름다운 풍경을 검은 그림자로 묵묵히 받쳐주는 조연이었다. 늘 그 자리에 있어 눈에 띄지 않던 조연이 어느 날 주연으로 떠올랐다. 돌담 중에서도 '밭담'이 2013년 국가중요농업유산(제2호)에 이어 2014년 유엔식량농업기구(FAO)의 세계중요농업유산이 된 것이다. 그래서인지 밭담을 찾아 제주로 가는 길엔 알 듯 말 듯한 묘한 설렘이 감돌았다. 마치 조연의 모습을 보기 위해 한 번 본 영화를 다시 보는 것처럼.

제주 북동쪽, 오밀조밀한 밭담의 원형이 잘 보존돼 있다는 구좌읍 하도리로 향했다. 해안도로를 따라 달리다 '문주란섬'으로 알려진 토끼섬 앞에서 멈췄다. 길가에서 마을 쪽으로 눈을 돌리자, 묘한 설렘의 실체가 금세 드러났다. 그곳엔 제주의 어떤 풍경사진에서도 보지 못했던 독특한 풍경이 펼쳐

+

구좌읍 하도리에서는 푸른 바다에 검은 물결이 일렁이듯 바다를 배경으로 밭담들이 겹겹이 이어진 진풍경을 볼 수 있다.

져 있었다. 멀리 한라산을 배경으로 겹겹이 쳐진 검은 장막 같은 돌담, 돌 사이사이 숭숭 뚫린 셀 수 없이 많은 구멍들. 밭을 둘러싼 담은 막힌 듯 열려 있고, 담을 타고 넘어가면 새로운 담이 끝없이 이어졌다.

그러다 문득 몸을 돌려 마을 안쪽에서 바다를 바라보니 푸른 수평선 아래로 검은 물결이 파도처럼 밀려왔다. 늘 다른 풍경을 받쳐주던 돌담이 주인공이 된 모습은 그렇게 눈을 돌리자 쉽게 만날 수 있었다. 주연만 보느라 조연을 못 보는 것처럼 그동안 눈에 띄는 절경만 보느라 돌담을 보지 못했던 것이다.

척박한 토양이 빚은 '흑룡만리' 밭담

밭담은 제주의 토양이 빚은 조각품이다. 화산섬인 제주의 토양은 화산쇄설물과 화산재 등으로 이뤄진 화산회토(火山灰土)가 대부분이다. 화산회토는 입자가 가벼워 바람에 쉽게 날리는 데다 돌이 많이 섞여 있어 농사를 짓기 힘들다. 그래서 돌을 골라내 쌓아둔 것이 밭담이 되었고, 그 밭담이 섬 구석구석까지 이어져 '흑룡만리(黑龍萬里)'가 되었다. 흑룡만리는 검은 용이 꿈틀거리는 것 같은 밭담의 모습을 표현한 말이다. 실제 밭담의 총 길이는 2만 2108㎞. 전체 돌담의 60%를 차지하며 만리장성의 3배에 이른다.

제주에서도 북동쪽 지역에 밭담이 밀집된 이유도 토양 때문이다. 북동쪽의 토양은 화산회토로 돌이 많아 밭이 작고 담이 오밀조밀하다. 반면 북서쪽은 비화산회토라 농사짓기가 북동쪽보다 수월하다. 그래서 밭담도 덜 발달했다. 감귤을 많이 재배하는 남쪽에는 바람을 막기 위해 방풍림을 조성하면서 밭담의 옛 모습이 사라진 곳들이 많다.

북동쪽 지역에서 밭담을 보기 좋은 곳으로는 구좌읍 하도리와 함께 김녕리·월정리·행원리·세화리로 이어지는 구간을 꼽을 수 있다. 이곳에는 최근

'밭담길'과 '밭담체험테마공원'이 생겼다. 밭담체험테마공원에서는 매년 밭담축제도 열린다.

밭담을 따라 걸을 수 있는 밭담길은 제주도 곳곳에 만들어졌다. 구좌읍 월정리 진빌레 밭담길(2.24㎞), 구좌읍 평대리 감수굴 밭담길(1.4㎞), 성산읍 신풍리 어멍아방 밭담길(3.2㎞), 성산읍 난산리 난미 밭담길(2.8㎞), 애월읍 수산리 물메 밭담길(3.3㎞), 한림읍 동명리 수류촌 밭담길(3.3㎞) 등 6곳이 있다.

생활이 되고 풍경이 된 밭담 사이를 걷다

하도리에서 발길을 옮긴 곳은 구좌읍 월정리 진빌레 밭담길. 밭담 사이로 난 길을 따라 걷는다. 발걸음을 옮길 때마다 밭담은 다른 모습으로 따라온다. 나지막한 돌담이 얼기설기 이어지다 허리춤까지 높아지는가 하면, 파도처럼 밀려오며 앞을 가로막다가 부드러운 곡선으로 휘돌아 나간다.

밭담 속의 밭도 각양각색이다. 둥글넓적한 밭, 길쭉한 밭, 하얀 감자꽃이 흐드러진 밭, 양파잎이 누렇게 말라가는 밭, 말간 흙이 고슬고슬한 밭……. 어느 한 뙈기도 같은 밭이 없다.

길 중간쯤에 다다르자 '진빌레정'이라는 정자가 나타난다. 정자에 올라서니 푸른 바다를 배경으로 조각조각 이어진 밭담들이 한눈에 들어온다. 섬 전체가 하나의 모자이크 작품이다.

"이쁜 건 모르겠고, 제주에선 담 없으면 농사를 못 짓는다니까."

밭담길에서 만난 고순산 씨는 마늘을 수확하며 한마디로 잘라 말한다. 태어나서 이때까지 마늘이며 감자며 모두 밭담 덕에 키웠다니 무슨 말이 더 필요할까. "바람을 막아줘 흙이 안 날리고 짐승도 막아준다"며 밭담 자랑을

+

제주의 농민들은 지금도 밭담에 기대어 농사를 짓고 있다.
밭담은 바람을 막아 작물을 보호해주고 소나 말의 침입도 막아준다.

늘어놓는 한정순 씨도 마찬가지. 평생 밭담 아래서 흙을 만져온 이들은 밭담의 미학이 뭔지는 몰라도 밭담이 어떤 역할을 하는지는 잘 안다.

제주 북서쪽의 애월읍과 한림읍도 돌이 많아 밭담 명소로 꼽힌다. 〈바람이 쌓은 제주돌담〉이라는 책을 펴낸 사진작가 강정효 씨의 설명을 들어보자.

"밭담은 지형이나 지질에 따라 형태가 다릅니다. 애월이나 한림에는 두 줄로 쌓은 겹담이 많아요. 구좌에는 빌레(용암) 암반지대라 바위를 깎아낸 각진 돌로 만든 밭담들이 많고요. 특히 김녕리·월정리는 바다에서 날아온 모래가 섞여 흙이 다른 지역보다 밝은 색을 띱니다. 그래서 돌담의 검은색이 더 두드러져 경관이 좋아요. 역사는 오래되지 않았지만 우도의 밭담도 섬과 잘 어우러져 볼만합니다."

+

밭담을 울타리 삼아 핀
하얀 감자꽃. 검은 밭담은 어떤 작물과도
잘 어우러지며 독특한 풍경을 만들어낸다.

제주의 상징에서 세계의 유산으로

밭담이 언제 생겼는지에 대한 정확한 기록은 없다. 〈탐라지〉에는 1234년(고려 고종 21년) 제주판관 김구가 토지 경계를 두고 다툼이 잦아지자 경계용 돌담을 쌓도록 했다는 기록이 있지만, 전문가들은 제주에서 농업활동이 시작된 1세기경 밭담도 자연스럽게 형성됐을 것으로 추정한다.

밭담의 가장 큰 역할은 바람을 막는 것이다. 밭담은 구멍이 숭숭 뚫려 허술해 보이지만 웬만해선 무너지지 않으며 그 원리는 과학적이기까지 하다. 아무리 강한 바람도 현무암의 수많은 기공에 부딪히면 쪼개지고 분산돼 약해진다. 바람을 '막는' 것이 아니라 '찢는' 것이다. 또 돌과 돌 사이 틈으로 바람이 빠져나가면서 밭담이 받는 저항이 약해져 잘 무너지지 않는다.

밭담은 말과 소의 침입을 막고 밭의 경계를 구분하는 역할도 한다. 또 생물종의 다양성을 보존하고 난개발도 막아준다. 해안가에서 중산간까지 띠처럼 섬을 둘러싼 밭담은 중산간지대의 난개발을 막는 역할을 해왔다. 이렇듯 밭담은 제주만의 독특한 농업환경을 만들었다.

강승진 제주도농어업유산위원장은 "제주는 밭농업이 99.9%로, 당근·무·감자 같은 밭작물은 국내 농업에서 중요한 비중을 차지한다"며 "밭담은 척박한 자연환경을 극복한 제주 사람들의 정신이 깃든 제주의 상징"이라고 강조했다.

그러나 밭담은 점점 사라져가고 있다. 도시화에 따른 개발과 도로 건설, 농업의 기계화로 인해 훼손되고 있는 것이다. 곡선 형태의 밭담은 농기계를 사용하기에 불편할 수밖에 없어 일부 지역에서는 경지 정리가 이뤄지고 있다. 또 감귤 재배가 확대되면서 밭담의 모습은 변해가고 있다. 강한 바람을 막기 위해 감귤밭 주변에 삼나무로 방풍림을 조성하는가 하면 현무암이 아닌 가공한 돌로 담을 쌓기도 한다.

"밭담은 대부분 사유재산이라 관리가 쉽지 않습니다. 농가 스스로 밭담의 가치와 중요성을 알고 지켜나가야 합니다. 영국에서는 돌담을 보호하기 위해 돌담 길이에 따라 직불금을 주고 있어요. 세계중요농업유산 직불제(정부가 농가에 직접 보조금을 주는 제도)와 같은 제도를 도입해 밭담을 보존하는 농가에 직불금을 주는 것도 한 방법입니다."

강승진 위원장의 말이다. 다행히 제주도에서는 세계중요농업유산 등재 이후 밭담의 보전·관리를 위한 종합계획을 마련해 다양한 사업을 추진하고 있다. 특히 국내에서는 처음으로 농어업유산 조례를 제정하고 농어업유산위원회를 구성해 체계적인 지원과 보존에 나서고 있다.

우선 밭담의 훼손을 막기 위해 권역별 관리방안을 마련하고 있다. 세계자

구좌읍 행원리의 연대봉 정상에서 내려다본 밭담은 검은 실로 색색의 천을 이어 붙인 패치워크 같다.

연유산지구인 김녕리·월정리 일대는 핵심지역, 구좌·조천·애월·한경·한림은 우수지역, 나머지는 관리지역으로 지정해 권역별로 관리하겠다는 것이다.

밭담 장인도 발굴하고 있다. 현무암은 벽돌처럼 네모반듯한 형태가 아니어서 쌓기가 쉽지 않다. 그래서 밭담을 쌓는 데에도 기술이 필요한데, 지역마다 밭담을 잘 쌓는 장인들이 있다. 이들을 발굴해 장인으로 인증하고 육성한다. 또 밭담 해설사를 양성하는 밭담아카데미도 열고 있으며, 밭담샵과 밭담하우스 운영, 밭담푸드 개발도 추진 중이다.

꿈틀거리는 검은 용처럼 밭담은 끊임없이 움직인다. 지금도 조금씩 변해가는 밭담의 모습을 원형 그대로 만나고 싶다면 언제든 제주로 떠나보자. 비가 오든 눈이 오든 밭담은 사시사철 다채로운 모습을 선사할 것이다.

제주의 다양한 돌담들

돌이 없는 제주는 어떤 모습일까?
돌이 없었다면 제주는 지금과는 다른 모습이었을 것이다. 검은 현무암이 이어진 부드러운 곡선은 제주만의 독특한 풍경을 만들어냈다. 1970년대와 1980년대 두 차례 제주를 찾았던 소설 <25시>의 작가 게오르기우는 “도로변의 돌담, 집과 집을 구획하는 울담, 밭과 밭을 구획하는 밭담 등은 제주만의 명물”이라고 극찬했다.

통시

풍경만이 아니다. 제주에서는 오래전부터 생활 속에서 돌을 이용하며 특유의 돌문화를 형성해왔다. '제주도 사람들은 돌에서 왔다가 돌로 돌아간다'라는 옛말이 있다. 돌구들 위에서 태어나, 돌로 만든 집에 살고, 돌담으로 둘러싸인 밭에서 일하다, 죽어서는 돌담이 지켜주는 무덤에 묻힌다는 것이다. 구좌읍 월정리 밭담체험테마공원에는 제주 사람들이 생활 속에서 활용해온 다양한 돌담들이 재현돼 있다.
돌담은 장소에 따라 이름과 모양이 다르다. 농경지는 '밭담', 집 주위는 '울담', 골목은 '올렛담', 목장은 '잣담'이라 한다. 또 고기잡이를 위해 바다에 둥글게 쌓은 '원담', 해녀들이 옷을 갈아입을 수 있도록 돌로 에워싼 '불턱', 적의 침입을 막기 위해 해안가에 쌓은 '환해장성'도 있다. 무덤 주변에 쌓은 '산담'도 제주에서만 볼 수 있는 독특한 담이다.

산담

이 중 밭담은 쌓는 방식에 따라 '외담' '겹담' '잣담' '잣굽담'으로 나뉜다. 한 줄로 쌓아 올린 외담은 가장 흔한 형태다. 외담은 얼기설기 구멍이 숭숭 뚫려 엉성해 보이지만 강한 바람에도 쉽게 무너지지 않는다.

겹담은 큰 돌을 두 줄로 쌓고, 그 사이에 잡석을 채워 넣은 담으로 '접담'이라고도 한다. 잣담은 겹담이 변형된 것으로, 자갈을 넓게 쌓아올려 사람이 걸어 다닐 수 있도록 만든 담이다. 논둑처럼 경작지까지 진입하는 농로로 이용되며, '잣길' 또는 '잣벡담'이라고도 부른다. 겹담이나 잣담은 돌이 많은 지역에서 쉽게 볼 수 있다. 잣굽담은 아래쪽에 작은 돌을 쌓고 그 위에 큰 돌로 쌓은 담이다.

바람을 막고 수분을 유지해주는 밭담은 재배 작물에 따라 높이가 달라진다. 감자·당근처럼 키가 작은 작물에는 담을 낮게 쌓고, 조·보리 같은 작물에는 담을 높이 쌓는다.

잣담

외담

+

'야생'이라는 말은 매혹적이다.
날것 그대로의 원시적인 느낌이랄까.
경남 하동에는
오래된 야생차밭이 있다.
1200년 전 지리산 산비탈에 자리 잡은 차밭은
봄이면 연둣빛 새잎을 밀어 올리며
알싸한 향을 퍼뜨린다.
천년의 역사와 문화를 고스란히 간직한 야생차밭에서
세월의 향기를 음미해본다.

산비탈에서 찻잎 따며
희로애락 천년

하얀 벚꽃 터널에 넋을 놓았던 걸까, 은빛 섬진강 물결에 마음을 빠뜨린 걸까. 하동에 한두 번 가본 것이 아닌데 야생차밭은 기억 어디에도 없다. 하동의 차가 유명한 것이야 많은 이들이 알지만, 정작 차밭을 기억하는 이들은 많지 않다. 대체 야생차밭은 어디에 어떤 모습으로 있는 것일까?

전국 차 재배면적의 25%를 차지하는 하동에서도 차가 많이 나는 곳은 화개면과 악양면이다. 그중 하동차의 60% 정도가 화개에서 나온다. 화개장터에서 쌍계사 방향으로 이어지는 골짜기 화개골은 그야말로 '차밭골'이다.

화개골에 들어서자 '다원(茶園)' '제다(製茶)'라는 이름의 간판들이 먼저 눈에 띈다. 하동에는 160여 개의 제다업체와 다원이 있다고 한다. 하동군이 경치가 좋은 다원을 모아 선정한 '다원팔경' 가운데 7경이 모두 이 골짜기에 있다. 그러나 단번에 눈에 띄는 간판들과 달리 차밭은 눈을 크게 뜨고 마음

+

하동의 야생차밭에서는 산비탈을 오르내리며 찻잎을 따야 한다.
힘든 노동을 달래기 위해 채다가와 찻일소리 같은 농요를
흥얼거리던 전통이 아직도 남아 있다.

을 열어야 보인다. 꾸미지 않은 자연 그대로의 모습에도 눈길을 줄 수 있는 마음의 준비가 필요한 것이다.

지리산 골짜기 바위틈에 점점이 박힌 차밭

지리산에서 내려오는 화개천 물소리에 마음이 열린 것일까. 그저 풀숲처럼 보이던 화개천 양옆의 푸른 산비탈이 매직아이(눈의 초점을 적절하게 맞추면 보이는 입체 영상의 한 종류)처럼 서서히 형체를 드러내며 두 눈으로 들어온다. 크고 작은 푸른 실 뭉텅이 같은 차나무들이 큰 나무와 바위 사이에 점점이 박혀 있다. 자연 그대로의 모습으로 산비탈에서 자라는 야생차밭의 풍경은 흔히 보던 차밭과는 달라 이색적이기까지 하다. 둥글둥글한 푸른 곡선이 길게 이어진 차밭만 상상했으니 쉽게 보이지 않을 수밖에. 그런데 가만히 보니 차밭 속에는 꼬물거리는 무언가가 있다. 차를 따는 사람들이다.

"이게 처음 딴 해차야."

산을 오르듯 바위 몇 개를 타고 넘어 만난 한 촌로는 금방 딴 작은 찻잎을 보여준다. 곡우(4월 20일) 전후로 딴 첫 차는 '우전'이라 불리는 최고급 차다. 그 다음은 따는 순서대로 세작·중작·대작이라 부른다. 잎이 작은 우전은 100g의 차에 2만5000개의 잎이 들어가고, 대작은 2500개가 들어간다고 한다.

"새벽 6시부터 저녁 6시까지 하루 종일 따봐야 4kg이나 될까. 시집와서 따기 시작했으니 오래됐지. 이젠 다들 늙어서 딸 사람이 없어. 젊은 사람들이 누가 이 힘든 일을 하려고 하겠어."

산비탈을 오르내리며 차를 따는 일은 보통 중노동이 아니다. 그래서 예로부터 마을마다 돌아가며 찻잎을 따는 '품앗이단'을 운영한 것이 지금까지

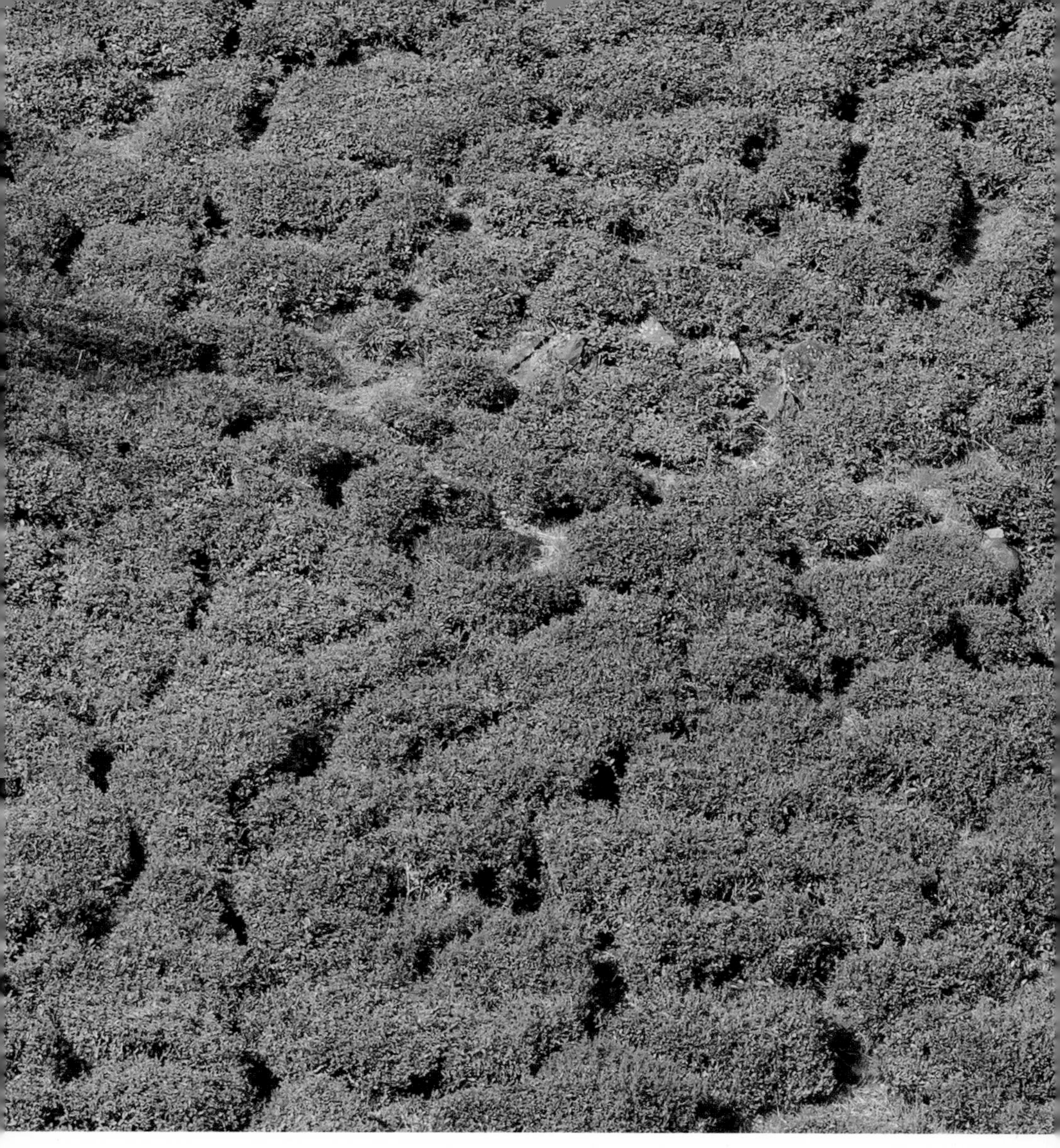

화개골 산비탈에 푸른 실 뭉텅이 같은 차나무들이 점점이 박혀 있다.

이어지고 있다. 또 힘든 일을 잊기 위해 흥얼대던 '채다가(採茶歌)'와 '찻일소리' 같은 농요도 남아 있다.

산비탈에서 딴 '왕의 녹차' 등짐 지고 날라

하동은 우리나라에서 처음 차를 재배한 곳으로, 쌍계사 아래에는 차 시배지가 있다. 〈삼국사기〉에는 '신라 흥덕왕 3년(828년) 당나라에서 돌아온 사신 대렴공이 차 종자를 가지고 오자, 왕이 지리산에 심게 하였다'라는 기록이 전한다. 차 시배지에는 대렴공 추원비, 시배지 표지석과 함께 야생차밭이 넓게 펼쳐져 있다.

신라시대에 시작된 차 재배는 불교문화와 함께 여러 지역으로 퍼졌다. 특히 이 일대는 쌍계사와 칠불사 등 사찰이 많아 차문화가 발달했으며, 하동의 차는 조선시대 후반까지 공납으로 대궐에 바쳐졌다. 덕분에 지금은 '왕의 녹차'로 불리며 명성을 얻고 있지만, 사실 그 이면에는 아픈 역사가 숨어 있다. 고려시대 문인 이규보는 "험준한 산중에서 간신히 따 모아 멀고 먼 서울로 등짐 져 날랐네. 이는 백성의 고혈과 살점이니 수많은 피땀으로 간신히 이르렀네"라고 말했다고 하니 당시 차 공납의 고충이 어떠했을지 짐작이 간다.

"옛날에야 쌀이 최고였지. 그래서 쌀도 보리도 못 심는 너덜이나 바위틈에 차를 심은 거야. 그러니 기계도 못 쓰고 손으로 일일이 작업해 등짐 지고 서울까지 날랐지. 너무 힘들어 차밭에 불을 지르기도 했다니까. 옛날엔 차를 따서 절이나 찻집 같은 데 갖다 줬지, 농민들이야 차를 마실 줄도 몰랐어. 그러다 1980년대부턴가 차에 대한 관심이 커지면서 논밭에도 차를 심고 점점 면적이 늘어난 거야."

화개면 부춘리에서 65년째 차를 재배하고 있는 이창영 씨의 얘기다. "그러나 이젠 커피 때문에 차를 안 마시니 가격이 오르질 않는다"며 한숨짓는 그는 "산비탈이라 다른 걸 심을 수도 없어 농사를 접는 농가들도 있다"고 말했다.

+

쌍계사 아래에 있는 차 시배지에는 대렴공 추원비와 시배지 표지석이 나란히 세워져 있다.
시배지 주변 야생차밭에는 차와 관련된 조형물들이 곳곳에 세워져 있어 둘러보기 좋다.

+

'야생'과 '수제'가 명차를 만들다

농사는 힘들지만 야생의 환경은 명차를 만들었다. 하동의 차를 만든 것은 팔 할이 지리산이다. 산이 높고 계곡이 깊어 일교차가 큰 기후, 자갈이 많고 배수가 잘되는 토양, 섬진강과 화개천이 만드는 안개는 차 재배에 맞춤이었던 것. '다성(茶聖)'으로 불리는 조선 후기 고승 초의선사는 "차나무는 바위틈에서 자란 것이 으뜸인데 화개동 차밭은 모두 골짜기와 바위틈이다"라며 하동 야생차의 우수성을 확인했다.

자연환경만이 아니다. 화개에는 축사나 공장도 없다. 또 농가들이 농약과 비료도 거의 사용하지 않는다. 그래서 밤이면 차밭에서 반딧불이와 개구리를 볼 수 있다고 한다.

'야생'은 '수제'로 이어졌다. 골짜기와 바위틈에 형성된 차밭에서는 기계로 작업하기가 어려워 모든 과정을 손으로 할 수밖에 없었다. 손으로 딴 찻잎을 무쇠 가마솥에 넣어 덖고 비비기를 반복하는 '무쇠 가마솥 덖음 기술'을 활용해 고급 수제 잎차를 생산하는 제다법이 정착됐다. 주로 티백차 같은 보급형 녹차를 생산하는 다른 지역과 차별화하면서 이름을 높일 수 있게 된 것이다. 하동에는 국가에서 인증한 3대 수제차 명인도 있다. 이러한 전통방식의 하동 차농업은 2015년 국가중요농업유산(제6호)에 이어 2017년 세계중요농업유산에 지정됐다.

마지막으로 발걸음을 옮긴 곳은 하동야생차박물관과 하동녹차연구소다. 차 시배지 옆에 있는 하동야생차박물관에서는 차의 역사와 문화를 한눈에 볼 수 있는 것은 물론 다례 체험과 덖음 체험 등을 할 수 있다. 또 매년 박물관 일대에서는 야생차문화축제도 열린다.

화개면 부춘리에 있는 하동녹차연구소는 하동차의 또 다른 모습을 볼 수 있는 곳이다. 1층 전시관에는 녹차씨유·녹차화장품·녹차건강식품 등 녹차

가공품들이 전시돼 있다. 카테킨 등 녹차의 유용한 성분은 건강식품으로 활용도가 높아 다양한 녹차 가공품들이 개발되는 추세다.

다가올 천년의 시간은 어떤 모습일까. 험한 산비탈에서 힘겹게 천년 세월을 버텨온 야생차에 새로운 시도들이 더해지고 있는 모습을 보면서 까마득하게 먼 미래의 시간이 문득 그려졌다. 그땐 지금 이 순간을 어떻게 기억하게 될지.

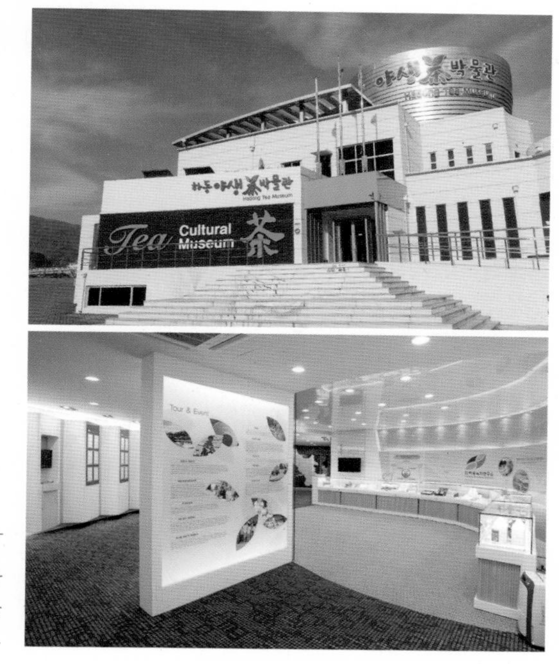

하동야생차박물관과
하동녹차연구소에서는
하동차의 미래를 만날 수 있다.

'맛의 방주'에 오른 하동 '잭살차'

하동 야생차밭

"어릴 땐 봄만 되면 '잭살 따러 가자' 했지. 지금 같은 녹차는 안 먹었고, 다들 잭살차를 먹었다니까."

하동에서 만난 사람들은 한결같이 잭살차에 대한 추억을 이야기했다. 독특한 이름의 잭살차는 하동 사람들만이 공유하는 음식이자 문화로, 2015년 슬로푸드국제협회의 '맛의 방주(Ark of Taste)'에 등재됐다. 맛의 방주는 소멸 위기에 처한 종자와 전통음식을 발굴해 보존하는 세계적인 프로젝트다. 국내에서는 잭살차를 비롯해 제주도 푸른콩장, 진주 앉은뱅이밀, 울릉도 칡소 등 약 100종이 맛의 방주에 이름을 올렸다.

'잭살'은 '작설(雀舌)'의 하동 사투리다. 작설은 찻잎이 참새 혓바닥처럼 작다는 뜻이다. 그러나 어린잎으로 만든 작설차를 잭살차라고 부르는 것은 아니다. 잭살차는 홍차와 같은 발효차로, 하동의 민가에서 오랫동안 전승돼왔다.

만드는 방법은 이렇다. 우선 찻잎을 햇볕에 시들리고 비비면서 발효와 건조를 동시에 한다. 또는 부뚜막이나 온돌에 시들리고 비비며 발효시킨 뒤 말린다. 이는 여타의 홍차 제다법과는 다르다.

잭살차는 뜨거운 물에 끓이거나 진하게 우려내 마시며, 똘배·모과·대추 등을 섞기도 한다. 밝은 선홍빛이 도는 잭살차는 맛이 달고 부드럽다.

"집집마다 잭살차를 한지에 싸서 매달아 놓고 약탕기에 달여 먹었어. 감기에 걸리거나 배가 아플 때 먹으면 신기하게도 금방 나았지. 차가 아니라 약이었다니까."

화개면 부춘리에 사는 이창영 씨의 말처럼 잭살차는 의료시설이 미비하던 시절 가정의 상비약이었으며 '고뿔차'라 불리기도 했다.

잭살차를 약으로 먹은 이야기는 민요에도 남아 있다.

"초엽 따서 상전 주고/ 중엽 따서 부모 주고/ 말엽 따서 남편 주고/ 늙은 잎은 차약 지어/ 봉지봉지 담아두고/ 우리 아이 배 아플 때/ 차약 먹여 병 고치고……."

경남지역에 전해 내려오는 이 민요 속의 '차약'이 바로 잭살차다. 여린 잎은 공납하고 거친 잎으로 잭살차를 만들어 먹던 서민들의 지혜와 애환이 담겨 있다.

맛의 방주에 오른 잭살차는 이제 녹차와 함께 하동을 대표하는 차로 떠오르고 있다.

하동녹차연구소 관계자는 "4~5월에만 나오는 잎차뿐 아니라 잭살차와 같은 발효차를 육성해 차에 대한 관심을 높여야 한다"며 "잭살차에 맞는 재래품종을 찾아내 보존하는 한편 매실·감 등 하동 특산물을 섞어 블렌딩차로도 개발할 계획"이라고 말했다.

잭살차

+

여름이면 강원도에서만 볼 수 있는 독특한 풍경이 있다.
해발 1000m가 넘는 산비탈에 광활하게 펼쳐진
고랭지배추밭이다.
꽃처럼 활짝 핀 푸른 배추가 끝없이 이어진 풍경은
동해바다 못지않은 시원한 눈맛을 선사한다.
'구름도 쉬어가는 곳'으로 불리는 강릉 안반데기는
그중에서도 절경을 자랑하는 곳이다.
그러나 배추밭의 절경을 보면서 가파른 산비탈을 일군
화전민들의 땀과 눈물을 헤아리는 이들은 많지 않다.

척박한 땅에서
구름 위의 땅으로

강릉시 왕산면 대기4리의 안반데기로 가는 길은 두 갈래다. 강릉 쪽에서 들어가는 비교적 평탄한 길과 평창에서 이어지는 구불구불한 길이다. 영동고속도로 대관령나들목에서 나와 평창 쪽으로 오르는 길을 택했다. 지그재그로 계속되는 오르막길에 귀가 먹먹해졌다. 침을 꿀떡꿀떡 삼켜가며 고개를 몇 개나 넘었을까. 언덕 저 끝에 '안반데기'라는 간판이 보였다.

안내 간판과 함께 '운유쉼터'와 '화전민 사료관'이 있는 곳은 피득령 정상. 안반데기 여행의 기점이다. 넓은 밭만 펼쳐져 있던 안반데기에 화전민 사료관을 비롯해 이런저런 시설이 들어선 지는 몇 년 되지 않았다. 배추밭이 그림이 된다며 사진작가들이 찾아오고 유명세를 타면서부터다. 최근에는 강릉 도보길인 '바우길' 17구간으로 안반데기를 지나가는 '운유길'도 생겨났다. 오지의 산꼭대기에까지 찾아온 변화의 바람은 아직은 미약하지만 여행객들의 발걸음에 설렘을 더하기엔 충분해 보인다.

초록 융단이 깔린 하늘 아래 첫 동네

마을회관을 리모델링해 만든 화전민 사료관에 들어섰다. 밭으로 개간하기 전 안반데기의 모습과 과거 소로 밭을 일구던 모습, 마을 주민들의 역사와 추억이 담긴 빛바랜 사진들이 걸려 있다. 배추밭의 아름다운 풍경만 떠올리며 찾아온 관광객들에게 생각할 거리를 안겨주는 곳이다.

사료관에서 250m 정도 아래로 내려가면 화전민의 생활을 보여주기 위해 재현해놓은 귀틀집들이 있다. '구름이 노닐다 가는 곳'이라는 뜻을 지닌 '운유촌'이다. 이 귀틀집들은 펜션과 식당으로 이용되고 있다. 흙과 통나무로 손쉽게 지을 수 있는 귀틀집은 버리고 떠나도 아깝지 않아 수시로 옮겨 다니는 화전민들이 주로 이용했다고 한다.

안반데기에는 광활한 배추밭의 풍경을 한눈에 담을 수 있는 전망대들이 곳곳에 있다. 안반데기에 딱 어울리는 이름을 가진 '멍에전망대'부터 올랐다. 멍에는 쟁기를 끌 때 소에 씌우는 나무막대로, 산비탈이라 소를 이용해 땅을 갈 수밖에 없었던 화전민들의 애환을 상징적으로 드러낸다.

이름만이 아니다. 전망대 아래쪽 높다란 석축에도 마을의 역사가 담겨 있다. 밭을 일구며 캐낸 돌로 계단을 만들고 석축을 쌓은 뒤 그 위에 정자를 세운 것이다.

석축 위 정자에 올라서자 푸른 언덕이 파노라마처럼 사방으로 펼쳐졌다. 떡메를 칠 때 받치는 넓은 나무판인 '안반'을 닮았다는 그 언덕('덕')이다. 안반데기는 '안반덕'의 강릉 사투리로, 안반처럼 넓고 우묵한 지형에서 비롯된 이름이다. 화전민 사료관에는 '피득령을 중심으로 옥녀봉(1146m)과 고루포

+

1960년대 화전민들이 척박한 땅을 일궈 개간한 안반데기는
이제 독특한 풍경으로 사람들을 불러 모으는 명소가 됐다.

+
화전민이 살던 귀틀집을 복원한
운유촌의 집들은
펜션으로 활용되고 있다.

기산(1238m)을 좌우측에 두고 195.5ha의 농경지가 독수리 날개 모양으로 펼쳐져 있다'라고 나와 있다. 해발 1100m에 자리 잡은 안반데기는 사람이 거주하는 가장 높은 지대라는 설명도 있다.

동해로 떠오르는 일출을 볼 수 있는 일출전망대는 멍에전망대보다 더 높은 곳에 있다. 비탈진 농로를 따라 일출전망대까지 오르는 길은 숨을 헐떡이게 하지만, 전망대에 오르면 탄성이 절로 나온다. 겹겹이 늘어선 백두대간의 능선들, 장난감 같은 풍력발전기의 하얀 날개, 배추밭 사이사이 거미줄처럼 이어진 농로, 띄엄띄엄 서 있는 색색의 집들은 그야말로 한 폭의 풍경화다. 그림 속의 하이라이트는 조각조각 다른 옷을 입은 푸른 밭들. 이제 막 심어 손바닥만 한 배추부터 속잎이 활짝 벌어진 배추에 양배추와 감자까지, 다채로운 색감과 질감의 초록 융단이 바람에 꿈틀거린다.

"6월 초부터 6월 말까지 배추 모종을 심기 때문에 밭마다 생육 상태가 달라요. 수확은 8월 10일경부터 9월 말까지 하죠."

이정수 대기4리 이장은 이렇게 말하며 "밭마다 빈틈없이 배추로 꽉 찬 절경을 보려면 8월 초쯤 와야 한다"고 덧붙였다. 8월 초 해가 뜰 무렵 일출전망대에서 바라보는 안반데기의 풍경은 과연 어떤 모습일까.

곡괭이와 소로 일군 땅, 최고의 배추밭 되다

백두대간의 험준한 산비탈이 지금과 같은 고랭지채소밭으로 바뀐 것은 1960년대다. 정부의 화전민 정리사업으로 전국의 화전민들이 이곳에 모여들었다. 개간한 땅을 나눠준다는 말에 산간지역에 흩어져 살던 화전민들이 찾아왔고, 1995년 주민들은 개간한 국유지를 불하받으면서 완전히 정착했다.

"안동이 고향인데 땅도 주고 집도 준다고 해서 아버지를 따라 들어왔어요. 곡괭이와 톱으로 밭을 일구고 나무를 베면 노임으로 밀가루를 줬지요. 처음엔 60가구 정도 들어왔는데, 너무 힘들어 다들 나가고 네 집만 남았어요. 그러다 도로가 닦이면서 1980년대 들어 다시 사람들이 들어오기 시작했어요."

1960년대부터 마을을 지켜온 김시갑 씨의 얘기다. 김씨는 땅을 일구는 일보다 힘든 것은 농사를 지어도 팔기가 어려운 것이었다고 한다. 감자농사를 지으면 지게에 감자를 지고 마을 아래 학교까지 내려가야 했고, 비료가 나왔다 하면 남녀노소 됫박을 들고 내려가 받아왔다는 것이다. 그러다 도로가 닦인 뒤에야 수확한 농산물을 서울에 내다 팔았다고.

처음엔 개간한 땅에다 감자와 약초를 심었다. 전국 최초로 채종포 단지가 조성되며 씨감자의 명성이 높아졌지만 인건비가 많이 들어 감자 재배를 줄였다. 약초도 중국산이 수입되면서 접었다. 대신 재배가 비교적 수월하고 상인들이 포전(밭떼기, 밭에서 나는 작물을 밭에 나 있는 채로 몽땅 사는 일)매매로 가

+

가파른 비탈밭에서는 지금도 대부분의 작업을 손으로 한다.
멍에전망대는 화전민들의 애환이 담긴 곳으로,
밭에서 나온 돌로 쌓은 계단을 오르며 마을의 역사를 헤아려볼 수 있다.

+

져가 작업이 용이한 배추농사를 지었다. 안반데기 배추는 육질이 단단하고 맛이 좋아 전국 최고의 고랭지배추로 유명세를 탔다.

가파른 산비탈에서 구름처럼 노닐 수 있기를

일출전망대에서 내려와 배추밭 사이를 걸었다. '운유(雲遊)길'이라는 이름처럼 구름 위를 걷는 듯했다. 그런데 길에서 잠시 벗어나 배추밭 고랑으로 들어서자 순간 아찔했다. 멀리서는 완만해 보였지만 막상 들어가보니 몸이 휘청거리는 급경사였다.

"경사가 심해 밭을 갈다 소가 구르기도 했어요. 처음엔 소도 없어 곡괭이로 밭을 갈다가 소를 키우는 집들이 늘었죠. 돌과 나무뿌리가 많은 땅을 갈자니 소 한 마리로는 힘에 부쳐 두 마리를 함께 몰아 밭을 갈았는데, 여기서는 '겨릿소'라 불렀어요. 근데 겨울이 문제였죠. 추운 겨울엔 농사를 지을 수 없는 데다 눈으로 마을이 고립돼 주민들은 횡계나 강릉 시내로 나가 살았거든요. 소를 놔두고 갈 수도 없고, 그렇다고 데리고 갈 수도 없어 겨울이면 아랫마을에다 하숙비를 주고 '소 하숙'을 시켰어요. 겨울을 나는 데 한 마리에 80만 원 정도씩 하숙비를 줬죠."

김시갑 씨의 이야기처럼 하늘 아래 첫 동네에서 살아가는 일은 쉽지 않았다. 폭설로 고립돼 헬기에서 던져주는 쌀과 라면으로 연명하기도 했고, 횡계의 병원까지 1시간 40분씩 아픈 환자를 업고 걷기도 했다. 1996년엔 강릉으로 침투한 무장공비들이 이곳에서 하룻밤을 보낸 뒤 도주해 공포에 떨기도 했다. 산에서 내려오는 물을 식수로 쓰기도 하지만, 물이 부족해 지금도 겨울이면 대부분의 주민들은 다른 지역으로 나가서 산다. 주민들은 척박

이른 새벽, 꽃처럼 활짝 핀 배추를 비추며 여명이 밝아오고 있다.
척박한 땅을 일궈 안반데기를 지켜온 사람들이 하나둘 다시 일어날 시간이다.

한 땅에서의 고달픈 생활을 달래고 풍년을 기원하기 위해 매년 5월이면 성황제를 올렸다. 제를 올리던 성황당이 아직도 남아 있다.

"포클레인과 트랙터 같은 기계가 들어오면서 지금은 소를 키우는 집이 없어요. 그래도 대부분의 작업은 아직도 손으로 합니다. 예전보다 몸은 편해졌지만 마음 고생은 더 심해졌죠. 비탈밭에선 비가 오면 비료가 유실돼 자재비가 더 들고 인건비도 더 많이 들거든요. 그런데 배추 값은 떨어져 몇 년째 생산비도 못 건지고 있으니 여기서 농사를 계속 지어야 할지……."

해발고도가 높은 안반데기에는 수시로 안개가 깔린다. 안반데기를 찾은 날에도 희뿌연 안개가 마을을 덮어 한치 앞도 보이지 않았다. 이정수 이장의 이야기를 듣고 있자니 드넓은 배추밭이 안개로 뒤덮인 것처럼 막막한 느낌이 들었다.

이들은 언제까지 안반데기를 지킬 수 있을까. 정부의 다양한 사업으로 마을이 관광지로 변해가고 관광객들도 늘고 있지만 배추농사를 짓는 이들에게 변화의 바람은 아직 불안하기만 하다.

+

마을 주민들이 풍년을 기원하기 위해 제를 지내던 성황당이 남아 있다.

이름난 고랭지배추밭 또 어디?

강원도에는 안반데기 외에도 '배추고도'라 불리는 이름난 고랭지배추밭들이 또 있다. 배추고도는 차(茶)와 말을 교역하던 중국의 옛길 '차마고도'에 빗댄 말로, 해발 1000m가 넘는 고지대에서 배추를 키워내며 유명세를 타는 곳들이다.

대표적인 곳으로는 태백 매봉산과 귀네미마을을 꼽을 수 있다. 백두대간 중심에 위치한 매봉산(1303m)은 산기슭 전체가 배추밭으로 장관을 이룬다. 1960년대 화전민들이 이주해 개간한 고랭지배추밭의 면적은 110㏊. 바람이 거세 '바람의 언덕'으로 불리는 매봉산에서는 풍력발전기의 하얀 날개와 배추밭이 어우러진 이국적인 풍경을 만날 수 있다.

매봉산에서 차로 10분 정도 거리에 있는 삼수동 귀네미마을도 고랭지배추밭 명소다. 마을을 감싼 산의 모양이 '소의 귀'를 닮아 '귀네미'라는 이름이 붙었다. 귀네미마을은 1980년대 삼척의 광동댐 공사로 터전을 잃은 수몰민들이 집단 이주해 일군 곳이다. 고랭지배추 재배 규모는 매봉산보다 작지만 덜 알려져 여유롭게 둘러볼 수 있다. 또 매봉산과 귀네미마을 사이에도 곳곳에 배추밭이 이어져 있다.

평창군 미탄면 청옥산(1256m) 정상 아래에도 광활한 고랭지배추밭이 펼쳐져 있다. '볍씨 육백 말을 뿌릴 수 있는 곳'이라는 뜻으로 '육백마지기'라 불린다.

1960년대에 돌이 많고 길이 험해 농가들이 '평창아리랑'을 부르며 밭을 개간했다는 유래가 전한다. 미탄면 평안리나 회동리 쪽에서 오를 수 있는데, 길이 험해 차를 두고 걸어서 둘러보는 것이 낫다.

태백 매봉산 고랭지배추밭

+

검은 차광막이 쳐진 인삼밭은
왠지 신령스러운 느낌이 든다.
뭔가 비밀이 숨어 있을 것만 같다.
인삼이 몸에 좋은 효능을 지녀 비밀스럽게 키우는 것일까.
인삼이 아닌 인삼밭으로 눈길을 돌린 이유는
어쩌면 검은 막에 가려진 신령스러운 그 느낌 때문인지도 모른다.
인삼 종주국으로 불리는 우리나라에서도
대표적인 인삼 주산지인 충남 금산에서
인삼이 아닌 인삼밭을 만났다.

검은 물결 아래 숨은 오래된 신앙

내 어찌 인간을 닮고 싶었으랴
내 일찍이 풀의 이름으로 태어나
어찌 인간의 이름을 닮고 싶었으랴
나는 하늘의 풀일 뿐
들풀일 뿐
어찌 인간의 영혼을 지녔으랴
어찌 인간이 되고 싶었으랴

'인삼밭을 지나며'라는 정호승 시인의 시다. 이름도 모양도 사람을 꼭 빼닮은 인삼. 그런데 인삼으로 유명한 금산에 가보니 인삼은 사람이 아니라 '사람 그 이상'이었다.

+

푸른색과 황토색 일색인 농촌 들판에 검은색으로 변화를 주는 인삼밭은 언제 봐도 이채롭다.
금산군 제원면 천내리에 광활하게 펼쳐진 인삼밭이 나지막한 산들과 잘 어우러진다.
금산에서는 인삼 모양의 조형물을 곳곳에서 만날 수 있다.

+

"금산에서 인삼은 작물이 아니라 산신령이 점지한 영물(靈物)입니다."

안용산 금산문화원 사무국장은 이렇게 말하며 "금산 사람들에게 인삼은 신앙이나 다름없다"고 덧붙였다. 그도 그럴 것이 금산읍내에만 들어서도 안 국장의 말에 고개를 끄덕이게 된다. 인삼 모양의 조형물과 그림들이 곳곳에서 눈에 띄고, '인삼'이라는 이름이 들어간 간판이 좀 과장하면 한 집 걸러 한 집이다. 전체 농가의 40%에 가까운 2800여 명이 인삼을 재배하고 있으며, 인삼과 관련된 업체가 1800여 개에 이르는 등 금산 경제의 80%를 인삼이 쥐고 있다고 하니 금산 사람들에게 인삼은 신앙을 넘어 '목숨줄'이라 해도 되겠다.

1500년 전부터 인삼이 '신앙'이 된 곳

그런데 어쩌다 인삼은 금산 땅에서 신앙, 아니 목숨줄이 되었을까? 우선 금산의 지형과 기후부터 살펴보자. 금산은 해발 400~700m의 산으로 둘러싸인 산간분지로, 토양이 비옥한 데다 일교차가 크고 서늘해 반음지성 식물인 인삼 재배에 알맞다.

이러한 지형적 특성으로 인해 금산에서는 오래전부터 인삼이 재배돼왔으며, 그 기록은 곳곳에 남아 있다. 도홍경의 〈명의별록〉에는 '백제 무령왕 12년(512년)에 중국 양나라에 인삼을 예물로 바쳤고, 백제의 것을 중히 여기는데 형체가 가늘고 단단하며 희다'라고 기록돼 있다. 이 백제의 인삼이 금산 인삼으로 추정된다.

금산에는 인삼의 유래를 보여주는 곳이 있다. 남이면 성곡리 진악산이다. 산 아래에는 개삼터 공원이 조성돼 있다. 개삼(開蔘)터는 이름 그대로 인삼이 열린 곳이다.

개삼터에 얽힌 이야기는 이렇다. 1500여 년 전, 진악산 아래에 살던 강 처사가 어머니의 병을 낫게 하기 위해 기도를 하던 중 꿈속에 산신령이 나타났다. "관음봉 바위벽에 있는 빨간 열매 세 개가 달린 풀을 달여 드리면 어머니의 병이 곧 나을 것이다"라는 말에 꿈에서 본 암벽에 갔더니 과연 그 풀이 있었다. 그래서 그 풀의 뿌리를 달여 어머니의 병을 낫게 하고 빨간 씨앗은 성곡리 개안마을에 심었는데, 그 풀의 모습이 사람과 비슷해 인삼이라 불렀다 한다. 강 처사가 인삼을 심은 곳이 개삼터로, 이곳에는 개삼각과 강 처사의 집이 세워져 있다. 매년 열리는 금산인삼축제도 개삼터에서 시작된다.

삼장제와 곡삼…독특한 인삼문화 전승

개삼터에서 놓치지 말아야 할 것이 있다. 개삼터에서 산 쪽으로 조금만 가면 인삼 재배 변천사를 한눈에 볼 수 있는 곳이 있는데, 모르는 사람이라면 그냥 지나치기 쉽다. 금산문화원 금산역사문화연구소에서 1930년대, 1960~1970년대, 2000년대 인삼밭을 고증을 통해 재현한 곳으로, 297㎡(90평)에 인삼이 심겨 있다.

반음지식물로 기후환경에 예민한 인삼은 해가림시설이 필요한데, 시대에 따라 해가림시설에 사용된 재료가 다르다. 1930년대 인삼밭은 자연 소재를 이용한 모습이 눈에 띈다. 해가림시설의 가림막은 갈대 줄기로 엮고 그 위에 솔가지를 얹었다. 가림막을 받치는 통대(지주목)는 울퉁불퉁한 소나무를 그대로 잘라 세웠고, 칡가지로 통대를 묶었다. 1960~70년대는 1930년대와 비슷하지만 가림막을 호밀짚으로 엮고 뒤쪽과 옆쪽에도 울타리를 치는 등 보다 꼼꼼하게 삼밭을 꾸몄다. 2000년대는 현재 인삼밭의 모습이다. 철제

개삼터 근처에는 1930년대, 1960~1970년대, 2000년대 해가림 시설이 재현돼 있다.

\+

진악산 아래 개삼터에는 삼장(삼밭)을 꾸민 뒤 삼장제를 지내던 모습이 재현돼 있다.
금산에는 인삼 뿌리를 구부려 말리는 곡삼 가공법도 전승돼왔는데,
곡삼으로 만들기 위해 수삼 껍질을 벗길 때에는 대나무칼을 이용했다.

\+

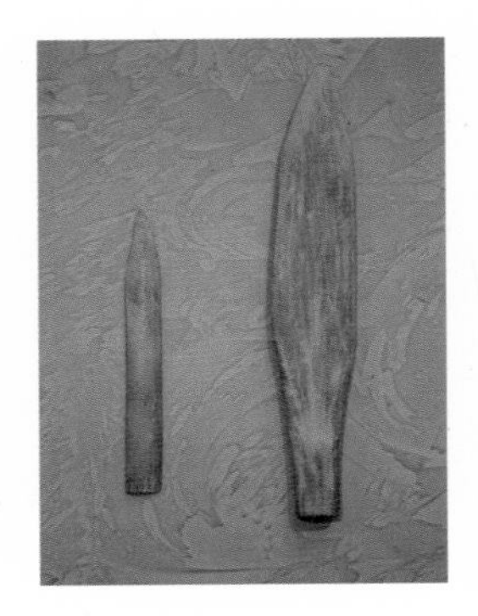

파이프를 통대로 박고, 검은색 차광막을 가림막으로 덮었다.

금산역사문화연구소에서는 전통적인 재배 방법과 함께 '삼장제'라는 전통 제의도 재현하고 있다. 새로 꾸민 삼밭에서는 이듬해 봄에 싹이 트면 산신령에게 풍년을 기원하는 삼장제를 지낸다. 삼장제를 지낼 때 호랑이가 바라보거나 그 다음날 호랑이 발자국이 있으면 삼이 잘 자란다고 믿었다. 또 궂은일을 당하거나 본 사람은 삼밭에 가지 않았고, 삼밭 주인이 죽으면 삼밭에 부고를 걸기도 했다.

예로부터 내려오는 금산인삼만의 독특한 가공법도 있으니 바로 '곡삼(曲蔘)'이다. 곡삼은 인삼 뿌리 부분을 구부려 말린 것으로, 구부리는 이유는 보관과 이용이 편리하기 때문이다. 인삼은 가공방법에 따라 생삼인 수삼, 수삼을 말린 백삼, 수삼을 쪄서 말린 홍삼으로 나뉘는데, 곡삼은 백삼의 한 종류다. 곡삼은 수삼 껍질을 대나무칼로 벗겨 1차로 말린 뒤, 물에 적셔 살짝 불린 다음 뿌리 부분을 돌돌 말아 왕골로 묶어 다시 말린다.

곡삼은 금산에서만 생산돼 '금산곡삼'으로 불리며 명성을 날렸다. 1923년 설립된 금산삼업조합이 금산곡삼의 검사와 판매를 담당했다. 1950년 이전에는 인삼시장이 '개성직삼'과 '금산곡삼'으로 양분됐다고 한다. 그러다 해방 이후 1970년대까지는 금산곡삼이 국내외 인삼시장을 독점하다시피 했다. 황경록 금산역사문화연구소 사무국장은 이렇게 말한다.

"과거엔 가공방법이 다양하지 않아 대부분 곡삼으로 유통됐어요. 곡삼으로 말리면 보관할 때나 약탕기에 넣을 때 편하거든요. 금산곡삼 하면 전국적으로 알아줬고 일본이나 홍콩으로 수출도 많이 했죠. 그런데 손으로 일일이 작업하다 보니 힘들어 지금은 곡삼을 많이 만들지 않아요."

금산인삼은 다른 지역의 인삼에 비해 몸체는 작지만 단단하고, 색도 희고 밝다. 또 약리성분이 많아지는 7월부터 채취하기 때문에 사포닌 함량도 다른 지역의 인삼보다 높은 것으로 알려져 있다.

산과 논과 강의 풍경을 바꾼 인삼밭

금산의 인삼이 특별한 이유는 생산부터 유통·가공까지 모두 오랜 역사를 지니고 있어서다. 또 인삼밭의 경관이 독특하고 관련된 문화도 전승돼 문화유산이자 관광자원으로서의 가치를 두루 갖췄다. 그런 까닭에 금산 인삼농업은 국가중요농업유산(제5호)에 이어 세계중요농업유산에도 이름을 올렸다.

국가중요농업유산에 지정된 인삼밭은 진산면·금성면·남일면·제원면·부리면 등 5개 면 297ha이다. 그중에서도 금강 물줄기와 어우러져 경관이 좋은

제원면 천내리를 찾았다.

포평뜰과 천내뜰이 양쪽으로 시원하게 펼쳐진 천내습지의 둑 위에 올라서자 검은 차광막이 쳐진 인삼밭이 끝없이 이어진다. 푸른색과 황토색 일색인 농촌의 들판에 검은색으로 변화를 주는 인삼밭은 언제 봐도 이채롭다. 귀하디 귀한 인삼을 지키기 위한 방어막일까. 사시사철 검은 차광막이 쳐진 인삼밭은 마치 검은 망토를 두른 병사들이 나무막대를 들고 도열한 모습 같다. 그런데 검은 물결은 군데군데 끊어져 있다. 인삼밭 사이에 수확을 마친 황토색 논들이 조각조각 채워져 있는 것이다.

"천내리 일대는 대표적인 논삼 재배지입니다. 인삼은 연작장해(같은 작물을 동일한 밭에서 계속 재배할 때 작물이 입는 피해)가 심해 한번 심은 곳에는 10~20년 동안 다시 심을 수가 없어요. 그래서 다른 지역에서는 계속 옮겨 다니면서 인삼을 재배하지

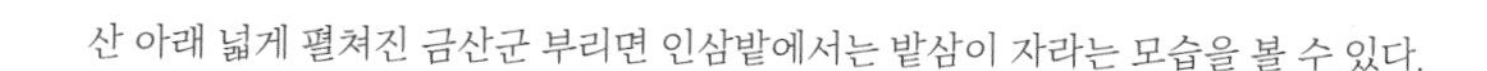
산 아래 넓게 펼쳐진 금산군 부리면 인삼밭에서는 밭삼이 자라는 모습을 볼 수 있다.

요. 그러나 금산에선 논에 인삼과 벼를 재배하는 윤작(돌려짓기) 시스템을 정착시켜 지속적인 인삼 재배가 가능해졌어요. 또 밭에서도 객토(토질 개량을 위해 다른 곳의 흙을 파다가 밭에 옮기는 일)를 통해 계속 인삼을 재배하고 있습니다."

김동기 금산군 엑스포지원단장의 설명이다. 인삼을 4~5년 심은 뒤 1년간 벼를 재배한 다음 호밀·수단그라스 등을 심어 1~2년 갈아엎기를 반복하면서 땅을 관리해주면 다시 인삼을 재배할 수 있다는 것이다. 논에 물을 가두면 흙 속의 세균이 죽어 연작장해가 발생하지 않는다는 얘기다.

이번엔 밭삼을 재배하는 부리면으로 갔다. 부리면은 제원면과 달리 산 아래에 인삼밭들이 띄엄띄엄 흩어져 있다. 밭의 모양도 반듯하지 않고 제각각이다.

"산에서 나는 삼을 산삼이라고 하죠? 인삼 재배지는 원래 산에서부터 시작해 산 아래 구릉을 거쳐 평지로 점점 내려오고 있어요. 지금도 산 가까이에서 나는 삼이 더 좋다고 해요."

재배는 수월해졌다지만 정작 농민들의 삶은 과거의 명성에 이르지 못하고 있다. 부리면 창평리에서 인삼농사를 짓는 현순섭 씨는 "농촌의 고령화로 인건비와 자재비가 많이 들고 중국산 수입에 김영란법까지 생겨 인삼값이 옛날과는 비교가 안 된다"고 토로했다.

오랜 세월 귀한 대접을 받아온 금산인삼. 이름도 모양도 사람을 닮은 인삼이 이제 사람을 대접해줄 차례가 아닐까. 검은 물결이 일렁이는 인삼밭에서 땅속 깊이 숨어 있는 녀석들과 대화를 나눠본다.

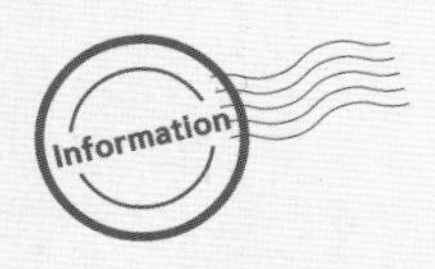

전국 인삼 모이는 금산 인삼시장

금산수삼센터

금산은 전국 인삼 생산량의 70%가 유통되는 집산지로도 유명하다. 따라서 질 좋은 인삼을 저렴하게 사려면 금산으로 가면 된다. 금산읍 중도리 일대에는 인삼과 약초를 파는 상가들이 밀집돼 있다.

흙이 묻은 싱싱한 수삼을 구입할 수 있는 곳은 금산수삼센터다. 전국에서 생산된 수삼의 도매와 소매 거래가 함께 이뤄진다. 백제금산인삼농협에서 운영하는 농협수삼랜드에서도 수삼만 전문적으로 판다. 수삼은 750g씩 '채(차)'라는 단위로 거래된다.

수삼을 말린 백삼은 금산국제인삼시장에서 살 수 있다. 190여 개 점포가 밀집된 이곳에서는 전국 백삼의 70~80%를 취급한다. 백삼은 가공 형태에 따라 직삼·곡삼·반곡삼·미삼 등으로 나뉜다. 또 백삼과 달리 수삼을 물로 익혀 말린 것은 태극삼, 수삼을 쪄서 말린 것은 홍삼이라 한다. 백삼·태극삼·홍삼은 300g씩 '곽'이라는 단위로 판다.

국제인삼시장과 수삼센터 사이의 거리에는 약업사와 노점들이 금산인삼약령시장을 형성하고 있다. 생약·건재·건강식품 등을 판매하는 중부권 최대 약령시장이다. 한약을 직접 달여주는 곳들도 여럿 있다.

또 금산인삼종합쇼핑센터와 2일과 7일에 열리는 금산인삼전통시장에서도 인삼과 약초 등을 살 수 있다. 단, 금산국제인삼시장·금산인삼약령시장·금산인삼종합쇼핑센터는 매월 10·20·30일이 휴무일이다.

금산인삼시장 거리

다양한 인삼

3장

사람과 마을과 시간을 품고

+

숲은 선선한 바람과 시원한 그늘을 만들어준다.
또 피톤치드 같은 청량한 기운으로 심신을 맑게 한다.
숲을 찾아 산에 오르는 것도 좋지만,
시골마을로 떠나보는 건 어떨까?
오랜 세월 마을을 지켜온 마을숲에는
시원한 바람과 그늘은 물론
정겨운 옛이야기와 신령한 기운이 숨어 있다.
마을숲이 잘 보존된 전북 진안에서
수런거리는 숲의 이야기를 들었다.

바람과 그늘에 서린 신령한 기운

'마을에 나무가 여러 그루 있으면 숲이 되는 것이야 당연한데, 마을숲을 특별한 자원이라 할 수 있을까?'

마을숲을 찾아 진안으로 가는 길, 머릿속이 복잡해졌다. '농촌문화유산'이라는 이름으로 농촌의 보존할 만한 자원을 찾아 나섰건만, 어느 마을에나 있을 것 같은 마을숲은 너무 평이하게 느껴졌기 때문이다.

그런데 차창 밖으로 스치는 풍경들이 머릿속으로 슬쩍 끼어들었다. 아무리 눈을 크게 떠도 산과 들판, 마을 사이에서 마을숲은 보이지 않았다. 아니, 찾을 수 없었다! 달리는 내내 산과 나무와 마을이 끊임없이 이어졌지만 어디가 마을숲인지 도무지 알 수 없었다.

생각해보니 그랬다. 시골마을을 수없이 다녔지만 마을숲이라는 존재가 있는지도 몰랐고, 마을숲에 관심을 가진 적도 없었다. 그러나 그 존재조차 모르고 살아오는 동안 마을숲들은 조금씩 사라져가고 있었다.

"보통 마을 입구에 당산나무나 정자나무 같은 커다란 노거수가 한 그루씩 서 있잖아요? 숲을 이루던 나무들이 사라지고 큰 나무만 남게 된 겁니다. 옛날엔 마을마다 있던 마을숲들이 벌목과 개발 등으로 점점 사라져가고 있어요. 특히 일제강점기와 한국전쟁, 새마을운동을 거치며 큰 수난을 겪었죠. 그래서 마을숲의 역사는 수백 년이지만 실제 나무들의 수령은 그리 길지 않아요."

20여 년간 마을숲을 연구하며 〈진안의 마을숲〉이라는 책을 펴낸 이상훈 진안문화원 이사의 설명이다. 그는 "마을숲의 가치에 대해 잘 모르는 것이 더 문제"라며 "정부나 학계에서도 마을숲에 관심을 가진 지 10~20년 정도밖에 되지 않는다"고 말했다.

마을숲은 마을 사람들에 의해 인위적으로 조성되고 보호돼온 숲을 말한다. 아직 법적으로나 학술적으로 마을숲에 대한 명확한 정의는 없다. 단순히 목재를 이용할 목적으로 조성된 숲보다는 마을의 역사·문화·신앙 등과 연계된 숲을 마을숲으로 본다. 나무 몇 그루로 이뤄진 숲도 있고 몇 천 평에 달하는 숲도 있다. 국립산림과학원에 따르면 2014년 전국의 마을숲은 1300여 곳으로, 산림청에서는 2003년부터 마을숲 복원사업을 벌이고 있다.

허한 마을 입구를 나무로 채우다

해발 300m의 고원지대에 위치한 진안은 마을숲이 잘 보존된 곳이다. 진안군은 2009년 마을숲 관리 조례를 전국 최초로 제정하고 마을숲 해설사를 양성하며 마을숲 복원 매뉴얼을 만드는 등 일찍부터 마을숲에 관심을 가져

진안에 마을숲이 많은 이유는 마이산 때문이다. 두 개의 봉우리가 말의 귀 모양으로 우뚝 솟은 마이산에 신령스러운 기운이 있어 이를 막기 위해 마을마다 숲을 조성했다고 전해진다.

왔다. 진안의 마을숲은 국내외 학자들에 의해 100여 편의 관련 논문이 발표될 만큼 학술적 가치를 인정받고 있다.

진안의 마을숲은 80여 곳으로 다른 지역에 비해 많다. 이는 '마이산' 이라는 독특한 지형 때문이라는데, 말의 귀 모양으로 우뚝 솟은 마이산에 신령한 기운이 서려 있어 마을마다 숲을 조성했다는 것이다. '수구막이'라는 마을숲의 유래를 살펴보면 쉽게 이해가 된다. 풍수적으로 수구(水口)는 물이 드나드는 곳으로, 옛사람들은 수구가 열려 있으면 마을이 허하다고 생각했다. 그래서 마을 입구에 숲을 조성했는데, 이를 '비보림(裨補林)'이라 한다.

+

은천마을숲에는 세 개의 정자가 있어 주민들의 쉼터가 되고 있다.
주민들은 화재를 막기 위해 물의 신으로 알려진 돌거북을 숲에 세우고 거북제를 지낸다.

또 마을숲은 바람과 수해를 막고 농경지를 보호한다. 숲 안쪽 마을과 농경지의 온도와 습도를 조절해주는 것은 물론 숲에서 생산된 유기물이나 낙엽, 동물의 배설물 등이 토양을 비옥하게 하는 것이다. 이상훈 이사는 이렇게 설명한다.

"옛날 한 마을에 큰불이 나자, 사람들이 원인을 찾다가 마을 입구로 바람이 들어왔기 때문이라고 생각합니다. 그래서 마을 입구의 가장 좁은 곳에 나무를 심어 입구를 막아요. 그 다음부터는 불이 나지 않아 잘 살았는데, 누군가 숲에서 나무를 베어가기 시작합니다. 그래서 마을숲을 공동의 소유로 하고 제를 지내는 등 신성성을 부여하는 거죠. 그 덕에 마을숲이 지금까지 보존되고 있는 겁니다."

오래된 숲에서 찾은 시간의 흔적

가장 먼저 찾은 곳은 진안읍 가림리 은천마을숲이다. 진안의 마을숲 가운데 규모가 큰 편인 데다 마을숲 복원사업으로 단장돼 사람들이 많이 찾는 숲이다. 마을과 마주 보는 '써리봉'의 불기운을 막기 위해 마을 남쪽에 조성한 전형적인 수구막이 숲이며, 실제로 마을엔 화재가 잦았다고 한다. 1919년 마을에 큰불이 나면서 주민들은 물을 관장하는 수신(水神)으로 알려진 돌거북을 숲에 세우고 거북제를 지내기도 했다. 그러나 1980년대 거북을 도난당해 거북제의 명맥이 끊겼다가 2005년 마을숲 복원사업을 통해 돌거북을 새로 세우고 거북제도 복원했다. 지금도 매년 8월 15일이면 주민들은 숲의 풀을 뽑고 잔치를 벌인다.

느티나무와 팽나무가 울창한 숲에 들어서자, 과거와 현재가 저마다의 시간으로 돌아간다. 하늘로 뻗은 느티나무와 팽나무는 굵은 둥치를 드러내며

지나온 세월을 보여주고, '은림정'을 비롯한 3개의 정자는 지어진 지 얼마 되지 않은 듯 단정하다. 숲에는 지방기념물로 지정된 줄사철나무도 있다. 잡풀 속에 서 있는 녹슨 철봉과 바둑판이 그려진 돌탁자는 어느 시간을 품고 있을까.

느티나무와 팽나무가 울창한 은천마을숲에서 주민들이 여유롭게 산책을 하고 있다.
마을숲은 주민들의 삶의 터전이자 놀이터다.

"바둑판은 우리 아들이 그렸는데 30년도 더 됐지. 지금은 폐교됐지만 아들이 학교 다닐 땐 여기로 소풍을 다녔어. 옛날엔 지금보다 숲이 더 좋았지. 진안읍에서 숲에 반해 이리로 시집왔다니까."

시원한 정자에서 먹고 자고 산책하며 하루 종일 논다는 정복순 씨의 말이다. 수십 년 전 아이들의 놀이터였던 숲은 이제 어르신들의 놀이터가 됐다. 숲과 함께 살아온 사람들이 숲의 일부가 된 것이다.

마을을 지키는 숲, 숲을 지키는 사람들

정천면 월평리 하초마을숲은 2005년 '아름다운 숲 전국대회'에서 우수상을 차지했을 정도로 경관이 좋고 규모가 크다. 멀리 뾰족한 옥녀봉이 안 보여야 마을이 잘된다고 해서 조성된 이 숲은 느티나무·상수리나무 등 200여 그루의 나무들이 마을 입구를 완전히 막아버린 형태다. 마을 밖에서는 숲만 보일 뿐 마을이 보이지 않는다.

하초마을숲에는 돌탑과 선돌, 돌거북이 놓여 있다.
주민들은 새끼줄을 걸어 신성한 공간임을 표시하고 제를 올린다.

숲은 100년도 더 전에 조성된 것으로 알려져 있으나, 일제강점기에 숯을 만들기 위해 나무를 다 베어버렸다고 한다. 그 후 마을에 큰불이 나면서 다시 나무를 심어 숲을 조성했다는 것이다. 나무들이 울창한 숲은 마을 안쪽 농경지를 보호하는 방풍림 역할도 한다.

"숲 바깥과 안쪽의 온도가 달라 고추며 인삼이며 농사가 잘됩니다. 거센 바람이 숲을 통과하지 못하고 옆으로 지나가는 게 눈에 보일 때가 있어요."

20여 년 전 이 마을로 내려와 숲 바로 옆에 사는 유양수 씨의 얘기다. 숲에 반해 이곳에 터를 잡았다는 그는 숲에서 음악회를 여는가 하면 숲에 대한 각별한 애정으로 매달 돌탑에 밥과 국을 올리기도 한다. 숲에는 돌탑 2기와 선돌, 그리고 자연석으로 만든 돌거북이 놓여 있으며 주민들은 정월 초사흗날에 제를 지낸다. 현재 거북의 머리는 마을 바깥쪽을 바라보고 꼬리는 안쪽을 향하고 있는데, 이는 거북이 마을 쪽으로 알을 낳으면 재물을 가져다준다고 믿기 때문이란다.

주민 정옥용 씨는 "인근 마을에서 거북의 방향을 돌려놓은 적도 있다"며 "썩은 가지 하나도 안 건드릴 정도로 숲을 신성하게 여긴다"고 말했다.

진안읍 연장리 원연장마을숲도 재미있는 곳이다. 원연장마을 건너편 대성동에 위치한 이 숲은 대성동의 마을숲처럼 보인다. 실제로도 대성동 주민들이 더 많이 이용하며, 대성동 마을회관과 모정도 원연장숲 바로 옆에 있다. 숲속에는 뒤주·소반·디딜방아 등 대성동 주민들이 쓰던 옛 물건들이 전시된 생활사박물관도 있다.

진안에서 만난 마을숲들은 이렇듯 다양한 모습으로 농촌을 지키고 있었다. 불완전한 땅의 기운을 돋우고 자연과 조화를 이루기 위해 만든 숲은 이

원연장마을숲은 원연장마을 건너편 대성동에 위치해 눈길을 끄는 숲이다.
원연장마을 쪽에서 바라보면 들판 너머로 짙푸른 숲이 보인다.
원연장마을숲에는 대성동 주민들이 쓰던 옛 물건들이 전시된 생활사박물관이 있다.

+

제 마을을 찾는 이들에게도 휴식과 여유를 선사한다.

진안에서 돌아오는 길, 차창 밖으로 펼쳐진 산과 들판과 마을 사이에서 어렴풋이 숲의 경계가 보이기 시작했다.

마을숲 둘러보며 쉬엄쉬엄 걷는 진안고원길

진안에는 100여 개의 마을을 지나며 마을숲을 둘러볼 수 있는 길이 있다. 고원지대인 진안의 가장자리를 한 바퀴 두르며 걷는 '진안고원길'이다.

2009년 처음 조성된 진안고원길은 14구간 210㎞에 이른다. 길에는 진안의 특산물인 인삼(노란색)과 홍삼(붉은색)을 상징하는 화살표와 리본이 있다.

진안고원길은 평균 해발 300m에 이르는 높은 지대에 위치한 진안의 특성을 고스란히 느낄 수 있는 길이다. 진안의 300여 개 마을 가운데 100여 개의 마을과 50여 개의 고개를 지나며 마을길·논길·산길·물길·숲길·고갯길이 굽이굽이 이어진다.

14구간 중에서도 마을숲을 둘러보며 정자에서 다리쉼을 할 수 있는 구간으로는 남쪽의 1~4구간을 꼽을 수 있다. 1구간 '마이산길'에는 마을숲 명소로 꼽히는 은천마을숲, 느티나무와 정자가 어우러진 원동촌마을숲, 개서어나무 군락이 멋들어진 탄곡마을숲이 있다. 3구간 '내동산 도는 길'에서는

진안고원길

운일암반일암

'풍욕정'이라는 오래된 정자가 있는 윤기마을숲, 임진왜란 때 선조의 이야기가 서린 염북마을숲을 만날 수 있다.

금강과 섬진강 물길을 따라 걷는 재미를 느끼려면 4구간 '섬진강 물길'과 11구간 '금강 물길'로 가보자. 금강변에서 용담호로 인해 수몰되지 않은 유일한 지역에 조성된 11-1구간 '감동벼룻길'과 계곡이 깊은 9구간 '운일암반일암 숲길'도 좋다.

정병귀 진안고원길 사무국장은 "진안고원길에서는 마을숲과 오래된 돌담 등 고원 산촌의 때묻지 않은 청정한 풍경을 만나게 된다"며 "개발이 덜 된 만큼 불편하기도 하지만, 고개를 넘으면 어떤 마을이 펼쳐질까 하는 설렘으로 즐겁게 걸을 수 있다"고 말했다.

\+

하늘로 곧게 뻗은 대나무 사이에 서면
온몸에 푸른 기운이 스며든다.
사시사철 푸른 기운이 서려 있는 대나무의 고장 전남 담양에서
'대나무숲'이 아닌 '대나무밭'을 만났다.
그동안 대나무가 저절로 자라
울창한 숲을 이루는 줄 알았다면
대나무밭으로 가보시라.
그곳에는 오랜 세월 대나무를 키워내고 베어내고 엮어내며
푸른 기운을 올곧게 지켜온 사람들이 있다.

곧은 나무를 키운
올곧은 사람 이야기

대나무를 보기 위해 담양을 찾는 이들이 꼭 들르는 곳이 있다. 바로 '죽녹원'이다. 죽녹원은 담양군이 2003년 조성한 31만㎡(9만4000평)의 대나무숲으로, 연간 150만 명이 찾는 관광명소다. 울창한 대나무숲에는 산책로가 나 있고 곳곳에 대나무를 테마로 한 볼거리와 즐길거리가 있다.

그러나 이번 여행에서는 죽녹원 대신 다른 곳을 택했다. 관광객들을 위해 잘 꾸며놓은 곳보다는 담양 사람들의 삶 속에 어우러진 대나무밭을 보고 싶었기 때문이다. 그래서 찾아간 곳은 담양읍 삼다리와 만성리. 담양 전역의 대나무밭은 2420ha로, 특히 삼다리와 만성리는 대나무밭이 밀집된 곳이다. 이곳의 대나무밭은 농가들이 직접 관리하며 소득원으로 활용하는 등 농업적 가치가 높아 2014년 국가중요농업유산(제4호)으로 지정됐다.

+

담양읍 삼다리의 대나무밭에서 마을 주민 남정봉 씨가 대나무를 살펴보고 있다.
가파른 산비탈에 우거진 대밭에는 푸른 잎을 머리에 두른 키 큰 대나무들이
자연 그대로의 모습으로 서 있다.

논도 사고 소도 사던 '대학나무' '생금밭'

삼다리 내다마을에 들어서자, 옹기종기 모여 있는 나지막한 집들 뒤편으로 쭉쭉 뻗은 대나무가 보인다. 이 마을의 대나무밭은 무려 33.7ha. 마을 뒷산인 시루봉(253m)까지 이어진다니 대나무밭이 아니라 '대나무산'이라 해도 되겠다.

"담양은 날씨가 따뜻하고 땅이 좋아 옛날부터 마을마다 대밭이 있었어요. 그러나 평지의 대밭은 개발로 사라진 곳들이 많은데, 이 마을에서는 대나무 뿌리가 산으로 뻗어 오르면서 대밭이 넓게 형성됐어요. 마을 주민들이 오랫동안 대나무 공예를 하면서 대밭을 가꿔온 덕분이기도 하고요."

내다마을회관에서 만난 주민 오성택 씨 얘기다. 다른 마을들은 대부분 20여 년 전에 죽세공을 접었지만 이 마을은 10여 년 전까지도 죽세공을 활발하게 했으며, 특히 '석작'이라는 대나무상자를 주로 생산해 '석작마을'로 불렸다고 한다. 엿·한과 등을 담는 바구니인 석작이 다른 죽세공품보다 가격이 비싸 중요한 소득원이 되면서 대밭이 유지됐다는 것이다. 마을회관에 모인 어르신들이 한마디씩 전하는 대밭과 마을의 역사를 들어보자.

"옛날엔 대바구니를 못 짜면 삐돌았제(소외당했제). 다들 바구니를 짰다니까. 근데 지금은 다섯 집이나 남았나?"

"남자들이 대를 쪼개 가는 댓살까지 만들어주면 여자들이 바구니를 엮었지."

"대나무같이 찬 게 없어. 겨울이면 대나무가 얼어 손에 쩍쩍 들러붙었지."

"이 마을 남자들은 술도 안 마시고 도박도 안 하고 바람도 안 피웠어. 농한기에도 바구니를 짜야 되니 어디 놀 시간이 있어야지. 장날에 맞춰 바구니를 낼려면 시간이 돈이었다니께. 여기는 지금도 화투도 안 친다니까."

"이 동네선 대나무로 대학을 보낸다고 '대학나무', 대나무밭에서 금을 캔다고 '생금밭'이라 불렀어. 대나무로 논도 사고 소도 사고. 벼농사는 부업으로 혔당께."

"어릴 땐 대밭이 놀이터였어. 겨울이면 비닐에 대나무 박아서 스키 타고 여름이면 대나무 물총을 만들어 놀았지."

세월의 질곡 견뎌낸 산속 대밭

마을 뒤편으로 난 오솔길을 따라 대밭으로 들어섰다. 푸른 잎을 머리에 두른 키 큰 대나무들이 빽빽하게 밀집돼 있다. 대나무들이 일정한 간격으로 늘어선 관광지의 대숲과는 사뭇 다른 모습이다. 다듬어지지 않은 자연 그대로랄까. 바닥에는 언제 떨어졌는지 모를 누렇게 마른 댓잎들이 푹신하게 깔려 있고, 낭창낭창한 대나무 가지들은 이리저리 얽혀 있다. 대밭은 산비탈에 수많은 직선을 그으며 산으로 산으로 올라간다.

논 뒤편으로 대나무들이 빽빽하게 늘어선 담양읍 만성리의 대나무밭. 삼다리와 함께 국가중요농업유산으로 지정된 이 대밭은 면적은 작지만 굵은 맹종죽이 많은 것이 특징이다.

"사실 산 위쪽의 대밭은 가꾸기가 쉽지 않아요. 옛날에야 대나무 자체가 돈이 되니 농가들이 날마다 들여다보고 관리를 했죠. 하지만 요즘은 죽세공보다는 죽순이 돈이 돼 죽순을 캐고 나면 대밭을 그냥 내버려두는 경우가 많아요. 대나무를 키워도 벨 사람이 없다 보니 이렇게 숲이 우거진 거죠."

9900㎡(3000평)에 대나무농사를 짓는 남정봉 씨가 길을 안내하며 말했다. 1980년대 중국산 죽제품과 플라스틱 제품이 대중화되면서 죽세공은 사양산업이 되었고, 그러면서 대밭도 예전 같지 않다는 것이다.

다행히 농업유산으로 지정된 이후 삼다리와 만성리 주민들이 '국가중요농업유산 담양대나무'라는 협동조합을 구성해 대밭의 관리와 보존에 나섰다. 삼다리는 대밭을 정비해 시루봉까지 산책로를 조성하고, 만성리에선 대나무 관련 체험을 진행한다는 것이 협동조합의 구상이다.

산길을 앞서가던 남씨가 갑자기 멈춰서며 대나무 아래쪽을 가리켰다. 대나무 아래에는 반짝이는 진녹색 잎을 지닌 식물들이 자라고 있었다. 대나무 이슬을 먹고 자라는 '죽로차나무'란다. 이 마을 대밭에는 오래전부터 야생차가 자생해 죽로차를 만들어왔으며, '삼다리(三茶里)'라는 이름도 이 차에서 비롯됐다.

대나무 그늘에서 자란 죽로차는 맛이 은은하고 부드러워 임금에게 진상되며 마을의 명물이 됐다. 과거엔 집집마다 찻잎을 따서 덖었는데, 지금은 차를 만드는 집들이 따로 있다.

삼다리에서 나오는 길, 300년 역사를 지닌 '청죽시장'에 들렀다. 청죽시장은 생죽을 거래하는 시장이다. 담양천변에 있던 시장이 몇 년 전 삼다리 근처로 옮겨왔다. 시장에는 가게마다 굵은 대나무들이 가득 쌓여 있다. 한 가게에 들어서자 상인이 생죽을 보여주며 이렇게 설명한다.

+

담양읍에 있는 한국대나무박물관 죽제품 판매장에서는 다양한 죽제품을 살 수 있다.
300년 역사를 지닌 청죽시장에는 생죽을 파는 가게들이 모여 있다.
요즘은 주로 조경이나 인테리어 용도로 대나무가 팔린다.

"대나무는 10년이면 늙어서 못 쓰기 때문에 3~5년 정도 되면 베어서 팔아요. 요즘은 죽세공 수요는 거의 없고 조경이나 인테리어 용도로 많이 나가죠. 1속(생죽 2~20개)당 2만~2만2000원 정도에 거래됩니다."

담양의 대나무 역사는 1000여 년 전으로 거슬러 올라간다. 고려시대인 900년경 대나무가 재배되기 시작해 조선시대부터 죽공예가 발달했다. 〈승정원일기〉에는 인조 16년에 죽세품 산업이 융성했다고 기록돼 있다. 현재도 채상장·참빗장·죽렴장 등 무형문화재를 비롯한 죽세공 명인들이 그 명맥을 잇고 있다. 죽제품을 파는 죽물시장(현재 삼다리 청죽시장)도 300년 동안 운영돼왔으며, 죽취일(음력 5월 13일)에는 대나무를 함께 심기도 했다.

무한한 대나무의 가치에 뭇 생명 깃들다

삼다리보다 규모는 작지만 대나무들이 훨씬 굵은 만성리 대나무밭을 지나

+
태목리 대나무밭에서는 대바구니 조형물이 대밭과 어우러진 독특한 풍경을 볼 수 있다.

마지막으로 또 다른 대나무밭을 찾았다. 대전면 태목리 영산강 상류의 담양습지에 있는 15만㎡의 대나무밭이다. 잦은 홍수로 농사조차 어려웠던 시절, 생계를 유지하기 위해 하천 둔치에 대나무를 심으면서 생겨난 대밭이다. 이곳은 삼다리·만성리 대밭과는 전혀 다른 분위기로 대나무의 매력을 드러낸다. 물가에 조성된 대밭에는 삵·수달·흰목물떼새 등 보존 가치가 높은 생물들이 서식하고 있다. 2004년 하천습지 가운데 처음으로 습지보호지역에 지정됐다.

대나무밭 사이에는 데크가 나 있어 대나무의 청정한 기운을 느끼기 좋다. 이곳은 담양군이 조성한 5개 코스의 '담양 오방길' 가운데 제3코스에 속한다. 길에는 생태탐방로와 조류관찰대가 있어 대밭과 습지가 어우러진 풍경을 볼 수 있다.

태목리 대나무밭의 명물은 거대한 대바구니 조형물이다. 대바구니 조형물은 대밭과 어우러져 독특한 경관을 연출한다. 대바구니 안쪽에는 앉을 수 있는 자리도 있어 편히 앉아 습지를 내려다볼 수 있다.

대바구니 앞에 있는 비석의 글귀가 눈길을 끈다. 영산강 8경 중 하나인 '竹林煙雨(죽림연우)'라는 글귀가 한자로 새겨져 있다. '대숲에 안개비'라니 얼마나 환상적일까.

비 오는 대나무밭을 상상하며 대밭 속으로 들어가는 순간 신기하게도 갑자기 비가 흩날린다. 빗소리에 어우러지는 새소리, 풀벌레 소리……. 비를 피하며 뭇 생명들과 함께 대나무 아래에 서보니 알겠다. 죽향이 얼마나 향기로운지, 그 향기가 왜 이토록 오랫동안 이 땅에 서려 있는지.

보는 대나무에서 먹는 대나무로

대나무는 먹거리다? 맞다. 이제 대세는 '먹는 대나무'다. 대나무의 어린싹인 죽순, 대나무 줄기를 가열하면 나오는 기름 죽력, 대나무통에 넣어 구운 소금 죽염, 대나무잎으로 만든 댓잎차 등 예로부터 대나무는 건강에 좋은 먹거리로 다양하게 활용돼왔다. 최근에는 대나무를 이용한 국수와 아이스크림, 맥주까지 현대인들이 좋아할 만한 먹거리들도 나오고 있다.

죽순

그중 담양에서 한 끼 든든하게 채울 수 있는 음식이 있으니 바로 죽순이다. 죽순은 4월부터 6월까지 나오지만, 지금은 염장이나 냉동 저장을 통해 사계절 맛볼 수 있다. 고급 식재료인 죽순은 섬유질이 풍부해 변비 예방과 다이어트에 좋다. 또 죽순에 함유된 칼륨은 혈중 콜레스테롤을 저하시켜 고혈압과 동맥경화 예방에 도움을 준다.

죽순은 맛과 향이 강하지 않으면서도 식감이 좋아 어느 요리에나 잘 어울린다. 볶음·샐러드·전 등 반찬으로 활용할 수 있으며, 밥을 지을 때 넣어도 좋다. 담양의 웬만한 식당에서는 죽순이 들어간 반찬 한두 가지는 나온다. 다양한 죽순요리를 맛보려면 죽순요리전문점을 찾으면 된다.

대나무 여행의 묘미를 더해주는 또 다른 먹거리로 대나무맥주가 있다. 담양읍 삼다리의 '담주브로이'에서는 국내 유일의 수제 대나무맥주를 맛볼 수 있다. 담주영농조합법인이 담양군·순천대 등과 함께 개발한 대나무맥주는 댓잎 추출물을 첨가해 만든다. 밀

대나무맥주

죽순떡갈비

죽순무침

맥주(바이젠)와 흑맥주(둔켈) 2가지가 있는데, 댓잎차를 마시는 것처럼 맛이 부드럽고 깔끔하다. 또 죽순을 이용한 죽순쌀맥주와 죽순피맥주도 있다.

안주로는 죽순을 넣은 소시지와 떡갈비가 있어 술맛을 돋운다. 담주브로이 1층에는 맥주 양조장과 소시지 제조공장이 있어 맥주와 소시지 만드는 과정을 견학할 수 있다.

+

소나무는 한국인의 나무라 불리지만,
물이나 공기처럼 너무 흔해 눈여겨보는 이들이 많지 않다.
그러나 경북 울진의 산촌마을 사람들은
수백 년 동안 소나무만 바라보고 살아왔으며
소나무는 그들의 밥이 되고 집이 되고 신앙이 되었다.
그들이 기대고 의지해온 소나무는
평범한 소나무가 아니다.
소나무 중에서도 으뜸으로 꼽히는
금강소나무다.

산촌마을의 늘 푸른 버팀목

소나무숲을 찾아 많이도 다녔다. 안면도 바닷가에 길게 늘어선 해송숲, 온몸을 뒤틀며 왕릉을 호위하는 경주 삼릉 솔숲, 푸른 바다를 더 푸르게 만드는 동해안의 솔숲들……. 우리나라엔 소나무숲이 참 많기도 했다.

그러나 어딜 가나 늘 숲과 나무만 봤다. 나무의 아름다움과 숲의 시원한 그늘만 쫓아다녔다. 숲 언저리에서 숲을 지키고 가꾸는 사람이 있다는 건 까맣게 잊었다.

10여 년 전 울진의 금강소나무숲을 찾았을 때도 마찬가지였다. 쭉쭉 뻗은 금강송에 마음을 빼앗겼을 뿐, 얼마나 많은 사람들이 그 숲에 기대어 살고 있는지는 생각하지 못했다. 2016년 울진 금강소나무숲이 산지농업으로서의 가치를 인정받아 국가중요농업유산(제7호)으로 지정됐다는 얘기를 듣고서야 수백 년 동안 소나무숲과 동고동락해왔을 산촌마을 사람들이 떠올랐다. 산과 공생하며 살아온 사람들이 만든 전통문화와 삶의 방식이 그 가치를 인정받은 것이다. 숲과 나무보다 사람의 이야기를 찾아 어느 겨울 그렇게 다시 울진으로 향했다.

등허리 굽어 닿지 않는 오지에 푸른 소나무만

다른 나무들이 모두 잎을 떨군 겨울이라 그럴까. 아니면 정말 울진에 소나무가 많아서 그런 걸까. 울진에 도착하니 가는 곳마다 소나무만 보인다. 마을을 둘러싼 숲과 산비탈에 우뚝 선 소나무들은 황량한 겨울 풍경에 푸른빛을 더한다. 그런데 흔히 보던 소나무와는 뭔가 느낌이 다르다. 키가 훨씬 크고 곧다고 할까.

"울진 전체 면적에서 산림이 차지하는 비중은 85%에 달합니다. 그중에서 60%가 소나무죠. 울진의 소나무는 다른 지역에서 쉽게 볼 수 없는 금강송입니다. 모양이 일반 소나무와는 다르죠?"

안춘섭 울진군 산림기획팀장은 이렇게 말하면서 "울진 최고의 금강소나무숲을 보여주겠다"며 앞장섰다.

울진에는 '금강송면'이 있다. 원래는 '서면'이었으나 몇 년 전 이름이 바뀌었다. 지명에 금강송이 들어갈 정도이니 울진에서 금강송의 명성이 어느 정도인지 알 만하다. 금강송 군락지로 유명한 곳은 금강송면 소광리·전곡리, 북면 두천리로 이 일대 141.88㎢가 국가중요농업유산으로 지정됐다.

특히 소광리에는 한국 소나무의 원형이 잘 보존된 금강소나무 군락지가 있다. 1959년 육종림, 1981년 소나무 유전자 보호림으로 지정된 데 이어

소광리 금강송숲 입구에
들어서면 530여 년 된 키 큰 소나무가
길을 안내한다.

\+

조선시대에는 왕실 차원에서 금강송이 자라는 산을 황장봉산으로 지정해 보호했다.
소광리 금강송숲으로 가는 길에는 황장봉산의 경계 표시인 황장봉계 표석이 남아 있다.
임영수 울진금강송세계유산추진위원장이 표석의 글씨를 살펴보고 있다.

1985년 천연보호림, 2001년 산림유전자원보호림으로 지정돼 국가적으로 보호받고 있는 곳이다.

최고의 숲이라 쉽게 모습을 드러내지 않는 것일까. 소광리 금강송숲을 찾아가는 길은 험난했다. 울진읍에서 30㎞ 거리에 있어 36번 국도와 지방도를 타고 한 시간 가까이 구불구불 달려야 했다. 눈 쌓인 굽이를 몇 번이나 돌고, 계곡 위 좁은 다리를 몇 차례 아슬아슬 건너고서야 겨우 소나무숲 입구에 당도했다. 울진을 '등허리 긁어서 안 닿는 곳'이라 했다던가. 길이 좋아졌다지만 아직도 울진은 오지였다.

"아랫도리도 보고 윗도리도 보세요."

안 팀장과 함께 동행한 임영수 울진금강송세계유산추진위원장이 소나무를 가리키며 대뜸 말했다. 입구에서부터 길 양옆으로 쭉쭉 뻗은 소나무들의 아랫도리는 탄탄했다. 한 아름이 넘는 굵은 둥치는 한 치의 흐트러짐 없이 위로 곧추 오르다 7부쯤 가서야 양옆으로 가지를 펼쳤다. 가지마다 푸른 잎이 달린 윗도리는 한겨울인데도 창창했다.

"기후에 맞게 형태가 변한 겁니다. 눈이 많이 오고 추운 지역이라 팔을 크게 벌리면 버티기 힘들거든요. 그러니 팔을 좁게 벌리고 잎을 위쪽에만 단 거예요."

우리나라의 소나무는 기후와 지형에 따라 동북형·금강형·중남부평지형·위봉형·안강형 5가지로 나뉜다. 금강형은 금강산 줄기에서 시작해 태백산맥을 따라 강원 속초·양양·강릉·삼척, 경북 울진·봉화 일대에 자라는 소나무다. 줄기가 곧고 윗부분이 좁은 삼각형이며, 껍질은 얇고 붉은색을 띤다.

일반 소나무에 비해 더디게 자라기 때문에 나이테가 촘촘하고 재질이 단단하며 뒤틀림이 없다. 송진 함량도 많고 잘 썩지 않아 오래전부터 궁궐의 건축재로 사용돼왔다. 나무 중심부가 황적색이어서 '황장목(黃腸木)'이라고 한다. 과거 영암선 춘양역(경북 봉화)에서 열차에 실려 전국으로 나갔기에 '춘양목'이라 부르기도 한다.

수백 년 세월에도 창창한 나무들

소광리 일대에는 30~500여 년 된 금강소나무가 1284만 그루 있는데, 꼭 봐야 할 나무가 세 그루 있다. 첫 번째는 숲 입구의 530여 년 된 소나무(일명 '오백년소나무')다. 굵은 둥치에 키가 25m에 이르는 이 나무는 시작부터 입이 떡 벌어지게 만든다. 소나무 맞은편에는 금강송과 일반 소나무의 차이를 비교해놓은 작은 전시관이 있다.

두 번째는 이 숲에서 가장 잘생겼다는 '미인송'이다. 입구에서 숲길을 따라 700m 정도 올라가면 하늘을 찌를 듯 곧게 서서 자태를 뽐내고 있는 미인송이 나타난다. 수령 350년에 높이 35m로 키가 큰 미인송은 아래에서 올려다보면 더욱 웅장한 멋을 느낄 수 있다. 항간에는 가지가 얽힌 모습이 여자의 치마 속을 올려다보는 것 같다 해서 '미인송'이라는 이름이 붙었다는 얘기도 있다. 미인송에서 300m 정도 더 오르면 소나무숲을 제대로 감상할 수 있는 전망대가 나온다.

세 번째는 해발 800m에 위치한 수령 600년의 '대왕송'이다. 숲길을 따라 한참 산행을 해야 만날 수 있는데, 위용이 넘치는 자태는 가히 '대왕'이라 불릴 만하다.

그러나 대왕송은 그 빼어난 자태로 인해 수모를 겪기도 했다. 몇 년 전 한

+

금강송숲에서 가장 잘생긴 소나무로 알려진 미인송.
수령 350년에 높이 35m로 하늘을 찌를 듯 곧게 뻗어 있는 미인송은
아래에서 올려다보면 더 웅장한 멋을 느낄 수 있다.

사진작가가 대왕송을 더 잘 찍기 위해 가지를 잘라내고 주변의 금강송들을 무단으로 벌채하는 몹쓸 짓을 한 것이다.

숲에서 생명과 역사와 문화가 자라다

숲에서 봐야 할 것이 또 있다. 바로 숲을 지키며 숲과 함께 살아온 사람들의 흔적이다.

조선시대에는 왕실 차원에서 금강소나무숲을 보호했다. 궁궐을 짓거나 왕실의 관을 짜는 목재(황장목)로 금강송을 귀히 여겼고, 금강송이 자라는 산을 '황장봉산(黃腸封山)'으로 지정해 나무를 함부로 베지 못하도록 관리했다. 소광리 일대 안일왕산은 1680년(조선 숙종 6년) 황장봉산으로 지정됐으며, 봉산의 경계를 표시한 황장봉계 표석이 지금도 숲 근처에 남아 있다.

또 마을에서는 조선시대부터 '송계(松契)'를 조직해 산을 관리했다. 송계는 소나무 군락지가 있는 지역에 형성된 독특한 산촌문화다. 일제강점기를 거치며 '산림계'로 바뀌어 지금까지 이어지고 있다. 현재 이 일대 산은 대부분 국유림으로, 주민들은 산림계를 통해 송이·복령 등 임산물 채취권을 얻고

+
소광리 금강송숲 아래 마을에는 화전민이 살던 집들이 남아 있다.

+
소광리에 사는 남유석 씨가
사냥할 때 쓰던 창을 보여주며
숲에 기대어 살던 추억을 이야기한다.

산불감시·산림보호 등의 활동을 한다. 산은 사람을 살리고 사람은 산을 살리는 공생 관계라 할 수 있다.

소나무와 사람의 공생 관계는 시대에 따라 조금씩 변해왔다. 과거 주민들은 산에서 약초를 캐고 사냥을 하며 살았다. 또 벌목한 나무로 땔감용 장작이나 송탄 등을 만들어 내다 팔기도 했다.(현재 울진 구수곡자연휴양림 골짜기 안쪽에는 숯 가마터 흔적이 남아 있다고 한다.)

그러다 산을 일궈 화전에 메밀·옥수수 같은 작물을 심었지만, 1968년 울진·삼척 무장공비 침투사건으로 화전민들은 마을에 모여 살게 됐다. 정부의 화전정리법으로 일부는 떠나고 일부는 마을을 형성해 정착하게 된 것이다.

지금은 송이와 능이를 캐고 산나물·두릅 같은 임산물을 가꿔 소득을 얻는다. 2010년에는 5개 구간의 '금강소나무숲길'이 조성돼 주민들이 해설사

금강소나무숲에 들어서면 곧고 푸른 나무의 기운이 온몸을 감싼다.

활동과 민박·주막 운영도 하고 있다.

"농지가 없으니 산에서 나는 걸 먹고 살았죠. 산나물이나 칡을 캐고 도토리도 줍고. 춘궁기에는 소나무 속껍질을 벗기면 나오는 송기로 떡이나 죽을 해 먹기도 했어요. 소나무 뿌리에서 나는 복령도 캐고요. 겨울에 눈이 올 때면 마을 사람들이 모여 사냥을 하러 갔죠. 설피를 신고 창을 들고 멧돼지며 토끼를 잡았는데, 그 재미가 쏠쏠했어요."

소광리에 사는 남유석 씨는 사냥할 때 쓰던 창을 아직도 갖고 있다며 보여줬다. 또 울진에 장을 보러 갈 때면 등짐을 지고 재를 넘느라 사흘씩 걸렸다는 옛이야기도 늘어놓았다. 울진과 봉화를 잇는 소나무숲에는 보부상들의 애환이 담긴 십이령(열두 고개)이 있다. '등금쟁이' '바지게꾼'으로 불리던 보부상들의 이야기는 '등금쟁이축제'와 '바지게꾼 놀이'로 계승되고 있다. 매년 가을이면 금강소나무의 안녕을 기원하는 울진 금강송 수호제도 열린다.

산은 사람을 살리고, 사람은 산을 살리고

"소나무가 얼마나 큰지 한 그루로 집 한 채를 지었는데, 그 나무를 다 지키지 못한 게 후회스러워요."

지금의 숲 아래 마을이 있는 곳까지도 예전엔 모두 숲이었다고 남씨는 회상했다. 일제강점기와 한국전쟁을 거치며 도벌과 수탈로 숲의 많은 부분이 사라졌다는 얘기다. 또 한국전쟁 이후에도 장사꾼들이 좋은 나무들을 다 베어가 못생긴 나무만 남았다고 한다.

"그땐 나무들이 얼마나 더 크고 잘생겼는지 몰라요. 5톤 트럭에 나무 한 동가리밖에 못 실었다니까요. 못생겨서 베지 않은 나무들이 이렇게 남아 유명해졌으니 잘생긴 나무들은 어땠겠어요."

숲에서 내려오는 길, 두 팔을 뻗어 소나무 한 그루를 안아본다. 이제는 더 이상 어떤 질곡에도 쓰러지지 않을 단단한 둥치가 가슴팍에 묵직하게 와 닿는다. 오래전이라면 누군가의 삶터에 기둥이 되었을 한 그루 나무에 잠시 몸과 마음을 얹어본다. 이 나무에 기대어 살았던 수많은 사람들처럼.

생태여행 실천하는 울진 금강소나무숲길

금강소나무숲길 (사진 녹색연합)

울진 금강소나무숲길은 금강송의 기운을 오롯이 받을 수 있는 길이다. 단단한 솔가지의 미세한 떨림을 느끼며 생명의 숨소리에 귀 기울일 수 있는 길이다. 오랫동안 사람이 들지 않았기에, 지금도 사람이 들기 쉽지 않기에 그런 자연의 호사를 누릴 수 있다. 이렇듯 자연 그대로의 모습을 유지한 덕분에 금강소나무숲길은 미국 CNN에 세계 50대 명품 트레킹 장소로 소개되기도 했다.

2010년부터 산림청이 조성한 금강소나무숲길은 사전 예약제로 개방된다. 5월부터 11월까지 구간별로 하루에 80명만 탐방이 가능하며 숲해설사가 동행한다. 금강소나무와 산양을 비롯한 멸종위기 동식물을 보호하기 위해서다.

5개 구간 중 1구간과 3구간은 사전 예약을 통해 탐방이 가능하며, 2구간은 단체 탐방객만 이용할 수 있다. 4구간과 5구간은 2018년 현재 시범 운영되고 있다. 예약은 한 달 전부터 금강소나무숲길 인터넷 사이트(www.uljintrail.or.kr)에서 할 수 있다.

탐방을 예약하면 주민들이 운영하는 민박을 주선해주고 주민들이 만든 도시락도 제공한다. 탐방객이 최소한의 발자국을 남기면서 지역경제에 도움이 되는 생태여행과 공정여행을 실천하도록 하기 위한 것이다.

1구간은 두천1리에서 소광2리까지 13.5km에 이르며, 7시간 정도 산행을 해야 한다. 옛날 보부상들이 십이령(열두 고개)을 넘어 봉화와 울진을 오가던 길로, 열두 고개 중 네 개의 고개가 있다. 과거 보부상들은 울진 흥부장에서 소금·미역·건어물 같은 해안

지방 특산물을 등에 지고 3박 4일 동안 봉화까지 걸어가 곡물·담배 등으로 물물교환을 했다고 한다. 또 1구간에는 천연기념물인 산양 서식지가 있으며, 보부상의 이야기가 담긴 내성행상불망비도 있다.

2구간은 전곡리에서 소광2리의 금강송펜션까지 9.6km로, 십이령 중 큰넓재와 한나무재 두 고개를 넘는다. 우리나라에 있는 산돌배나무 중 가장 크고 오래돼 천연기념물(제408호)로 지정된 쌍전리 산돌배나무를 볼 수 있다. 수령 250년인 이 산돌배나무에는 나라에 큰일이 있을 때마다 '웅웅' 소리를 내며 울었다는 이야기가 전해진다.

조령성황사 (사진 울진군청)

3구간은 최고의 금강송 군락지가 있는 길이다. 왕복 12.6km로, 소광2리 금강송펜션에서 시작해 오백년소나무와 미인송 등 금강송 군락지를 둘러본 뒤 다시 금강송펜션으로 돌아오는 코스다. 금강송펜션은 폐교된 소광초등학교를 리모델링한 곳으로, 주민들이 십이령주막과 함께 운영하고 있다.

4구간은 너삼밭과 썩바골폭포를 지나 정상에서 대왕소나무를 볼 수 있는 왕복 10.48km의 길이다. 썩바골폭포는 '돌이 많은 골'이라는 뜻의 '석바위골'에서 나온 이름이다. 폭포 주변으로 원시림이 잘 보존돼 있어 희귀식물들을 찾아볼 수 있다. 또 보부상들이 제사를 지내던 조령성황사도 있다.

17km에 이르는 5구간도 대왕소나무를 지나는 코스다. 대왕소나무, 조령성황사, 문화재용 목재 생산림 등을 볼 수 있다. 문화재용 목재 생산림에는 나무마다 숫자가 적혀 있는데, 4137그루에 숫자를 적어 관리하고 있다고 한다.

한편 2018년에는 오백년소나무와 미인송 등을 볼 수 있는 5.3km(3시간)의 가족탐방로도 생겼다.

+

전남 구례군 산동면 산수유마을은
봄과 가을의 풍경이
전혀 다른 듯하면서도 비슷한 곳이다.
앙상한 나뭇가지에 가장 먼저 매달리는 노란 꽃과
마지막까지 매달리는 빨간 열매가
파스텔로 점점이 칠한 듯 그려낸 그림은
아련하면서도 고혹적이다.
그림 속에 들어 있는 오래된 마을과 사람들은
그 노랗고 붉은 나무에 깃들어 살며
옛이야기에 새로운 이야기를 더한다.

골짜기마다 피어나는
천년의 매혹

꽃이 활짝 피며 절정을 이루는 때는 한순간이다. 그 짧은 절정의 순간을 만나기란 쉽지 않은 일. 꽃을 찾아 떠나는 여행은 그래서 늘 설레고 애가 탄다. 그러나 때때로 절정이 되기 전이나 후의 꽃들은 또 다른 느낌으로 여행지를 기억하게 한다. 어차피 절정의 순간이야 숱한 여행사진 속에 담겨 있으니 아쉬움은 사진으로 달랠 수 있다.

구례 산수유마을을 찾은 봄날엔 비가 추적추적 내렸다. 산수유꽃은 아직 덜 피었고, 절정에 이르지 않은 마을은 고즈넉했다. 가지마다 촘촘히 매달린 노란 꽃망울들은 흩날리는 빗방울 속에서 점점이 어른거렸다. 희누런 안개가 낮게 깔린 몽환적인 마을. 비 내리는 이른 봄날의 산수유마을은 그렇게 뇌리 속에 박혔다.

1~2주만 지나면 고샅마다 노란 산수유꽃을 보러 온 사람들로 꽉 찰 테

지만, 비에 젖은 마을엔 사람이라곤 없었다. 대신 담벼락마다 적힌 시들이 말을 걸어왔다. 마을에 사는 홍준경이라는 '산수유 시인'이 쓴 시다.

꽃이 피어서야 겨울이 간 걸 알았습니다.
세월을 껴안고 고요가 산처럼 쌓인 집
고샅 길 산수유 꽃담 정겹게 눈길 줍니다.

- 홍준경 '꽃담' 중에서

입으로 씨 발라내던 산동처녀들은 어디에

그로부터 8개월 뒤, 몽환적인 마을의 잔상이 아직 뚜렷이 남아 있던 늦가을에 산수유마을을 다시 찾았다. 그러나 이번에도 때를 맞추지 못했고, 우연인지 봄날처럼 추적추적 비가 내렸다. 빨간 산수유 열매가 반짝반짝 빛나는 쨍한 사진을 건지기는 힘들었지만, 점점이 붉게 매달린 산수유 열매들은 빗속에서 스산한 만추의 서정을 드러냈다.

그런데 고즈넉하기만 하던 봄날과 달리 가을엔 곳곳에서 사람들이 분주하게 움직이고 있었다. 어떤 이들은 나무에 매달린 산수유 열매를 털고 있었고, 어떤 이들은 수확한 열매를 바닥에 널어 말리고 있었다.

산수유 열매를 수확하는 10월 중순부터 11월 말까지는 마을이 일 년 중 가장 바쁠 때다. 산수유 농사는 수확부터 건조까지 모두 사람의 손을 거쳐야 하기 때문이다. 일부 기계화가 됐지만 지금도 손 가는 일이 많다.

수확작업은 기계로 한다 해도 많은 노동력을 필요로 한다. 나뭇가지를 진동시켜 열매를 떨어뜨리는 방식이라 떨어진 열매는 손으로 주워야 한다. 과거엔 나무 밑에 덕석을 깐 뒤 나무에 올라가 열매를 털었고, 지금도 일부

구례군 산동면에 있는 마을들은 모두 '산수유마을'이다. 이른 봄 산동에서는
집 주변과 돌담, 계곡, 산등성에 노란 산수유꽃이 흐드러진 모습을 어디서나 볼 수 있다.

+

+

가을이면 산수유마을은 붉은빛으로 물든다. 빨갛게 익은 산수유 열매를 수확하기 위해
나무 아래서 움직이는 농부의 손길이 분주하다.

농가들은 그렇게 수확을 한다. 산수유가 귀하던 시절엔 덕석 주변에 떨어진 산수유 이삭을 줍기 위해 인근 지역에서 '이삭줍기' 원정을 오기도 했다.

수확한 열매는 바닥에 널어 햇볕에 2~3일 정도 말린 뒤 다시 온돌방에서 수분함량이 30~40%(씨에 과육이 묻지 않을 정도) 남을 때까지 건조시키는데, 이를 '졸인다'라고 한다. 그런 다음 씨를 뺀 뒤 수분함량이 15~19%가 될 때까지 다시 햇볕에 졸인다. 요즘은 고추건조기 같은 기계로 말리기도 한다.

무엇보다도 힘든 일은 작은 산수유 열매에서 씨를 발라내는 일이다. 오래전부터 산동면에서는 겨울철 늦은 저녁이면 여자들과 아이들이 사랑방에 모여 앉아 상 위에 졸인 산수유열매를 산더미처럼 쌓아두고 씨를 발라내는 작업을 했다. 턱 아래에 그릇을 받쳐둔 채 산수유 한 알을 입에 물고 앞니로 까서 발라낸 씨를 그릇에 뱉어냈다.

+

산수유 농사는
수확부터 건조까지
모두 사람 손을 거쳐야 한다.

그래서 산동처녀들은 앞니가 다 닳아 입 모양만 봐도 쉽게 알아본다는 말이 전해진다. 또 몸에 좋은 산수유 씨를 입으로 발라낸 산동처녀와 입을 맞추면 보약을 먹는 것보다 낫다는 얘기도 있다. 산동처녀는 인근 순천, 남원 지역에서까지 며느릿감으로 인기가 높았다고 한다.

"초등학교 때 겨울부터 봄까지 씨를 발라내느라 손톱이 다 닳았어요. 밥공기에 씨를 한가득 채우면 돈을 줬는데, 다들 밥공기 크기가 작은 집에서 일하려고 했죠. 텔레비전이 있느냐 없느냐도 중요했고요."

서재원 구례산수유농업보전협의회 사무국장은 이렇게 어린 시절을 회상했다. 지금은 제핵기로 씨를 분리하지만, 일부 농가들은 아직도 손이나 입으로 작업을 한다고. 안도현 시인은 산동처녀 이야기를 '홍니'라는 시로 풀어냈다.

지리산 아래
구례 산동 마을 처녀들 중에는
홍니를 가진 이가 많았다고 한다

눈 내리는 겨우내 누룩 냄새 나는 방 안에서
산수유 열매를 몇 날 며칠 까면서
이빨에 그만 붉은 물이 들었다고 한다

나는 여태껏 한 번도 만나보지 못했지만
눈 내리는 날이면 지리산 아래

구례 산동 마을 옛 처녀들 보고 싶어진다

누구를 기다리며 그 밤을 하얗게 지샜냐고
그이는 산 넘어 돌아왔느냐고

- 안도현 '홍니'

이렇게 씨를 빼고 말린 산수유 열매는 주로 한약재로 판매하는데, 이 지역에서는 산수유나무를 '대학나무'라 불렀다. 산수유 열매가 고급 한약재로 잘 팔리던 시절엔 산수유나무 한두 그루만 있으면 자식을 대학까지 보낼 수 있었기 때문이다.

윤현상 구례산수유농업보전협의회장은 "옛날엔 부자들만 산수유나무를 갖고 있었을 정도로 고소득 작물이었다"면서 "낙엽 속에서 주운 산수유 열매를 팔아 학비에 보태기도 했다"고 말했다.

산수유 열매를 수확하는 작업은 기계로 한다 해도 쉽지 않다.
기계로 나뭇가지를 진동시켜 열매를 떨어뜨린 뒤, 일일이 손으로 주워야 한다.

이른 봄, 산수유나무 아래서 땅을 갈며
한 해 농사를 시작하는 모습이 정겹기만 하다.

서리 내리면 아궁이에 불 피워 꽃 틔우고

산동면에서 산수유를 처음 재배한 것은 1000여 년 전으로 추정된다. 〈삼국유사〉에 신라 48대 경문왕(861~875년) 때 산수유에 관련된 기록이 남아 있다. 또 1000년 전 중국 산동성에 사는 처녀가 이곳으로 시집오면서 고향을 잊지 않기 위해 산수유나무를 가져와 심었다는 이야기도 있다. '산동(山東)'이라는 지명은 여기서 유래했다.

산동면 계천리 계척마을에는 이때 들여와 처음 심었다는 1000년 된 산수유나무가 있다. '할머니나무'라 불리는 이 나무는 산수유 시목(始木)으로 지정됐다. 한 해 농사의 풍년을 기원하는 제례도 이 나무에서 열린다. 또 원달리 달전마을에는 수령 300년의 '할아버지나무'도 있다.

구례 산수유는 지역 특산품으로 명성을 이어왔다. 〈산림경제〉 〈동국여지승람〉 〈승정원일기〉 〈세종실록지리지〉에는 산수유가 공납을 위한 특산품으로 재배되고 한약재로도 처방됐다는 내용이 있다.

1938년 〈동아일보〉에는 구례에 산수유조합이 창립된 기록도 있다. 일제강점기와 여순사건을 거치면서 많은 산수유나무가 불에 타고 훼손됐지만, 1960년대 후반부터 1970년대 후반까지 정부의 정책사업으로 산수유 묘목이 농가에 무상 보급되면서 지금과 같은 군락지를 형성하게 됐다.

산동면의 지형적인 특성도 산수유 재배에 영향을 미쳤다. 지리산 아래에 위치한 산동면은 80% 이상이 임야라 경작지가 절대적으로 부족했다. 그러다 보니 주민들은 논밭이 아닌 집 주변과 돌담, 계곡, 산등성에 산수유를 심었고, 독특한 재배법을 전승하게 됐다.

독특한 재배법 중 하나는 '발연(發煙)법'이다. 주민들은 아침저녁으로 아궁이에 장작불을 땠는데, 굴뚝에서 피어오른 연기가 계곡을 타고 올라가며 산에서 내려온 찬 공기를 따뜻하게 데워 서리 피해를 막는 역할을 했다. 주

\+
산수유길은 이름도 예쁘다.
꽃담길·사랑길·풍경길을 따라
걷다 보면 마음도 노랗고
빨갛게 물들 것만 같다.

민들은 서리가 내리는 시기가 되면 평소보다 자주 불을 피워 연기를 냈다고 한다.

또 산동면에는 돌담이 많다. 산을 개간할 때 나온 돌로 담을 쌓았기 때문이다. 돌담은 나무를 지키는 역할도 한다. 산수유는 천근성(淺根性) 작물로 뿌리가 지표면 가까이에 넓게 퍼져 가뭄이나 태풍의 영향을 많이 받는데, 돌담은 토양 속 수분 증발을 억제해 수분을 유지하고 뿌리를 지지해준다.

돌담과 계곡에서 피어나는 노란 꽃, 붉은 열매

산수유나무는 산동면 전역에 걸쳐 심어져 있다. 그래서 산동면의 마을들은 모두 '산수유마을'로 불린다. 구례군 조사에 따르면 2017년 약 700여 농가에서 260ha에 산수유를 재배하고 있다. 생산량은 연간 200~300t에 이르며, 전국 생산량의 60~70%를 차지한다.

산동에서도 산수유나무가 많고 잘 보존된 곳은 위안리 상위마을과 하위마을이다. 지대가 높을수록 산수유의 품질이 좋은데, 해발 250m로 산동에서 가장 높은 곳에 위치한 이들 마을에서는 계곡과 돌담 주변에 산수유나무가 어우러진 정겨운 풍경을 볼 수 있다.

대평리 평촌마을과 반곡마을, 상관마을에는 산수유사랑공원과 산수유문화관이 있다. 산수유사랑공원에는 산수유의 꽃말인 '영원불멸의 사랑'을 주제로 한 여러 가지 볼거리가 조성돼 있다. 산수유문화관은 산수유의 품질과 효능, 역사 등이 체계적으로 정리된 전시공간이다. 이곳에서는 매년 3월 산수유꽃축제가, 11월 산수유열매축제가 열린다.

산동면 전체를 둘러볼 수 있는 산수유길도 있다. 꽃담길·꽃길, 사랑길, 풍경길, 천년길, 둘레길 등 5개 코스(12.4㎞)별로 특색 있는 산수유마을들을 찾아볼 수 있다.

"지대가 높은 산동지역에는 4월 말까지 서리가 내립니다. 그래서 꽃이 늦게 피고 생육기간이 길어요. 지리산 노고단까지 산수유나무를 심으면 2월 말부터 4월까지 두 달 동안 산수유꽃을 볼 수 있을 겁니다. 그러면 세계적인 관광지가 되지 않을까요?"

서재원 사무국장은 이렇게 말하며 국가중요농업유산(제3호)으로 지정된 산수유농업의 미래를 이야기했다. 고령화와 한약재 시장의 침체로 산수유농업의 미래가 밝지만은 않지만, 산수유 우량품종을 보급하고 오너제를 도입하는 등 산수유농업을 활성화하기 위한 다양한 방안을 모색하고 있다는 얘기다.

노란 꽃이, 빨간 열매가 터질 듯 부풀어 오르며 절정을 이루는 순간을 보지 못한들 어떠랴. 천년 동안 절정의 순간을 지켜온 순박한 사람들을 만날 수 있으니 어느 때 가더라도 산수유마을에선 정겨운 옛이야기를 들을 수 있으리라.

빨간 산수유 열매 어디에 좋을까

한약재 산수유

"오줌싸개 아이에겐 산수유가 그만이에요. 산수유에 소고기를 넣어 달여서 먹이면 금방 효과가 나타났죠."

산동면에서 만난 주민들이 입을 모아 하는 얘기다. 산수유가 신장에 좋아 야뇨증이나 요실금에 도움이 된다는 것이다. 산수유의 신맛은 근육의 수축력과 방광의 조절능력을 향상시켜 어린아이의 야뇨증을 다스리며, 노인의 요실금을 완화한다. 또 남자의 정력을 강화하는 데에도 도움이 되며, 여성의 월경 과다에도 효과가 있는 것으로 알려져 있다.

<본초신편>에는 "음기를 보충하는 약은 그것을 완전히 보충할 수 없는데 유일하게 산수유만은 간장과 신장을 보충할 수 있고 부작용이 없으며, 또한 따뜻하고 추운 것에 빗나감이 없고 음기와 양기 역시 상반되어 배치되지 않는다"라고 나와 있다.

산수유는 눈과 귀에도 좋은 것으로 알려져 있다. 이명이나 어지러운 증상, 눈이 침침한 데에도 도움이 된다. 항균·항염증 작

산수유 열매

용도 있으며, 허리와 무릎의 통증에도 유용하다고 한다. 또 산수유 열매에는 사포닌의 일종인 코닌 등이 들어 있어 스트레스 호르몬의 과잉 분비를 막아준다.

말린 산수유는 차나 술, 각종 가공식품의 재료나 한약재로 사용된다. 씨에는 인체에 유해한 렉틴 성분이 함유돼 있으므로 반드시 씨를 제거해야 한다.

산수유차는 간단하게 만들 수 있다. 말린 산수유 150g에 물 10ℓ를 넣고 센 불에 1시간, 약한 불에 2시간 정도 끓인다. 그런 다음 물이 3ℓ 정도 남았을 때 건더기를 건져낸 뒤 설탕이나 꿀을 넣어 마시면 된다. 산수유차를 끓일 때 구기자를 함께 넣으면 산수유 특유의 신맛을 줄일 수 있다.

산수유술을 담그려면 산수유 1근(600g)에 소주 5~6ℓ(됫병 3병)를 붓기만 하면 된다. 3개월 정도 지나 붉은빛이 돌 때 마시면 된다. 또 산수유진액, 산수유환, 산수유막걸리, 산수유잼 등 가공식품도 다양하게 나와 있어 간편하게 이용할 수 있다.

산수유차

4장

흐르다 머물다 생명으로 스미는

고성 둠벙
화순 봇도랑
김제 벽골제
제천 의림지

+

'둠벙'의 사전적 의미는 '웅덩이'다.
그러나 농촌 들판 한 귀퉁이에 있는 작은 둠벙은
단순한 웅덩이가 아니다.
논밭에 물을 대는 유용한 수원水源이자,
숱한 생명이 깃드는 생태계의 보고寶庫이며,
추억을 길어 올리는 우물이다.
경남 고성에서는
논배미마다 보석처럼 박혀 있는 둠벙들이
'텀벙' 소리를 내며 세상을 깨운다.

논배미 파고들어 생태계 지키는 보고

너무 보잘것없어 보여 주목받지 못하는 것들이 있다. 둠벙을 떠올릴 때도 그랬다. 작은 물웅덩이가 무엇을 할 수 있을까 하는 생각이 먼저 들었다. 누군가는 둠벙에서 놀던 추억을 떠올리며 잠시 미소 짓겠지만, 추억 이상의 어떤 가치가 있을까 싶었다.

그런데 자료를 찾다 동시 한 편을 보고 생각을 바꿨다. 둠벙은 농촌에 있는 그저 작은 웅덩이가 아니었다. 둠벙의 가치를 알기 쉽게 풀어낸 동시를 감상하며 둠벙을 찾았다.

뒷골 다랑논에 가면
할아버지의 할아버지 때부터
물 받아 농사짓던

둠벙 하나 있지요
장구애비, 소금쟁이
물자라, 참개구리
대대손손 살아 온 둠벙
"이 둠벙 하나로 느이 아부지랑
다섯 삼촌 다아 공부시킨 겨"
할아버지의 말씀입니다

- 한상순 '할아버지의 둠벙'

논배미마다 있던 둠벙들 어느새 사라져

"여기에도 둠벙이 있었는데, 그새 없어졌나 봐요."

고성군 삼산면 삼봉리, 좁은 논길을 따라 이리저리 차를 몰던 이찬우 경상남도람사르환경재단 팀장이 한숨을 내쉬었다. 이 팀장이 가리킨 곳은 발목까지 자란 벼들이 빼곡히 줄 맞춰 서 있는 평범한 논이었다.

"이 둠벙만은 제발 그대로 있어야 하는데"라고 말하며 다시 논길을 구불구불 돌던 그는 한 논배미 앞에서 멈췄다. "아, 아직 있네요!"

좁다란 논둑 위로 올라가 몇 발자국 걸어가자 논 가운데 동그란 물웅덩이가 나타났다. 둠벙이었다. 지름이 5m쯤 될까. 가장자리는 풀로 덮여 도톰하게 솟아 있고, 안쪽 벽에는 크고 작은 돌들이 견고하게 쌓여 있었다. 가만히 들여다보니 물풀 위에선 소금쟁이가 사뿐사뿐 걸어다니고, 어디선가 청개구리가 폴짝 뛰어올랐다. 20년 가까이 기자생활을 하며 농촌을 다녔지

+

삼산면 삼봉리에는 논 가운데를 동그랗게 파서 만든 독특한 모양의 둠벙이 있다.
가장자리에는 풀이 도톰하게 덮여 있고, 논둑에서 둠벙까지는 길이 나 있다.

고성의 들판에서는 세모·네모·반원 등 다양한 모양의 둠벙을 찾아볼 수 있다.

만 물이 고인 둠벙이 있는 논은 처음 보는 모습이었다.

"논 가운데를 동그랗게 판 이 둠벙은 흔치 않은 형태예요. 보통은 논 가장자리에 파거든요. 이런 둠벙들은 보존해야 하는데 사유재산이니 어떻게 할 수가 없죠. 5년 전 조사 때만 해도 이 마을에 대여섯 개 있던 둠벙이 지금은 두 개밖에 없네요. 너무 빨리 사라지고 있어 안타까워요."

이 팀장의 말에 논둑에서 풀을 베던 둠벙 주인 서정주 씨가 고개를 끄덕였다.

"옛날엔 논배미마다 둠벙이 있었어. 동네에 저수지가 없고 논이 쪼가리라 물을 댈 수가 없었거든. 근데 관정을 파면서 둠벙들을 묻어버렸지. 요즘도 가물 때는 이 둠벙 물로 농사를 짓는다니까."

지금은 전기모터를 이용하지만 옛날엔 두레박으로 물을 퍼올렸다, 둠벙이 있는 논은 땅값이 비쌌다, 어릴 적 둠벙에서 미꾸라지를 잡으며 놀았다, 장어 새끼 세 마리를 넣어 키웠는데 다른 동네 사람들이 와서 잡아 먹어버렸다……. 작은 둠벙에서 솟아나는 서씨의 이야기는 끝이 없었다.

청개구리·송사리가 둠벙에 '텀벙'…논생물의 피난처

'둠벙'이라는 말은 물에 '텀벙' 빠진다는 뜻에서 나온 충청도 방언이다. 지역에 따라 덤벙·텀벙·방죽·웅탕·웅터가리 등 다양한 이름으로 부른다.

과거 둠벙은 물을 대기 힘든 논밭에 물을 공급하는 유용한 수리시설이었다. 벼농사를 지으려면 물이 중요한 만큼 조상들은 가뭄에 대비해 곳곳에 작은 연못인 둠벙을 만들었다. 특히 물을 대기 힘든 산간지역의 다랑논이나 해안가의 논에는 둠벙이 필수였다. 산간지역의 둠벙은 산에서 내려온 차가운 계곡물을 데우는 역할도 했다. 차가운 물을 논에 바로 대면 벼가 냉해를 입기 때문에 둠벙에서 수온을 높인 뒤 논으로 보낸 것이다.

주로 물이 솟아오르는 땅에 웅덩이를 팠는데, 보통 둘레는 우물보다 크고 깊이는 1m 이상이었다. 대부분 논 가장자리에 한 길 이상 판 뒤 둑을 쌓아 물을 가뒀다.

그러나 1970~1980년대 관정 개발과 경지 정리가 확대되면서 둠벙은 존재 의미를 잃어갔다. 논의 한 귀퉁이를 차지하고 있으니 농사일에 걸리적거리고 경지 정리에도 방해가 됐기 때문이다.

그런데 효율성과 경제 논리에 밀려 점차 사라져가던 둠벙이 최근 다시 조명을 받고 있다. 기상이변으로 가뭄이 잦아지면서 둠벙이 대안으로 떠오르고 있는 것이다. 또 생태적·환경적 가치도 높이 평가받고 있다. 경상남도람사르환경재단이 고성군 내 둠벙을 조사한 결과 노랑어리연꽃·새뱅이·물자라·참붕어 등 수백 종의 생물들이 서식하는 것으로 확인됐다.

"지금은 보기 어려운 송사리나 무자치 같은 뱀도 있어요. 둠벙에는 다양한 생물들이 서식하며 유기토양을 만들고 논의 생태계를 건강하게 지켜줍니다. 겨울철 논에 물이 없을 때에는 논생물들의 피난처가 되기도 해요. 물론 친환경농업에도 도움이 되죠. 논은 2008년 람사르협약 당사국총회에서 결의문이 채택되는 등 습지로서 매우 큰 가치를 지니고 있습니다. 논의 생물다양성을 유지하기 위해서는 둠벙을 보존해야 합니다."

이 팀장은 이렇게 말하며 "단지 농업용수 공급이라는 차원을 넘어 생태적·

둠벙 가장자리에는 크고 작은 돌들이 견고하게 쌓여 있다.
수생식물을 비롯해 다양한 동식물이 서식하는 둠벙은 논의 생태계를 보호한다.

+

바다와 인접한 거류면 신용리 화원마을에는 계단식 논의 층층마다 둠벙이 하나씩 숨어 있다.
물과 풀이 많은 둠벙에서는 개구리를 쉽게 볼 수 있다.

+

문화적·역사적 관점에서 둠벙에 접근해야 한다"고 강조했다. 둠벙은 자연과 사람의 조화를 보여주는 조상들의 지혜가 담긴 유산으로, 사유재산인 둠벙을 농촌의 문화자원으로 보존하는 방안을 마련해야 한다는 얘기다. 최근 이러한 둠벙의 가치에 주목한 일부 환경단체와 농촌마을에서는 둠벙을 이용한 체험 프로그램을 운영하고 있다.

생태적·문화적 가치 큰 농촌의 자원

다행인 것은 그래도 아직 고성에는 둠벙이 많이 남아 있다는 사실이다. 큰 하천이 흐르지 않는 데다 빗물이 남해안으로 빠져나가는 지리적 특성으로 인해 고성에서는 예로부터 둠벙을 많이 팠다고 한다.

또 해안가와 산간지역에 경지 정리가 어려운 다랑논들이 많아 아직도 둠벙을 이용하고 있다. 2011년 고성군 조사에서는 282개의 둠벙이 파악됐으며, 이 중 250개가 농업용으로 이용되고 있었다.

고성군도 친환경농업을 육성하며 둠벙을 보존하는 데 관심을 기울이고 있다. 2017년에는 농림축산식품부의 '농촌 다원적 자원 활용 공모사업'에 '고성 해안지역 둠벙 관개 시스템' 사업으로 지원해 선정되기도 했다. 또 최근에는 고성뿐 아니라 다른 몇몇 지자체들도 가뭄에 대비해 둠벙을 설치하는 방안을 모색하고 있다.

고성에서 찾아본 둠벙의 모습은 다양했다. 논 가운데 있는 동그란 둠벙부터 논 가장자리에 세모나 네모 모양으로 판 둠벙까지 모두 제각각이었다. 크기도 지름 1~2m의 작은 둠벙부터 저수지인가 싶을 정도로 큰 것까지 다양했다. 또 물이 말라버려 웅덩이의 형태만 남은 곳이 있는가 하면 논 한가운데의 둠벙이 관정으로 변한 곳도 있어 둠벙의 변천사를 한눈에 볼 수 있었다.

바다와 길 하나를 사이에 두고 계단식 논이 넓게 펼쳐진 거류면 신용리 화원마을에는 정말 논배미마다 하나씩 둠벙이 있었다. 바다를 향해 한 칸씩 내려가는 논 귀퉁이에 숨어 있는 둠벙의 맑은 물에는 푸른 하늘이 비쳤다.

"바닷가라 논에 댈 물이 없어 옛날부터 둠벙이 많았지. 아무리 가물어도 둠벙이 있어 농사를 짓는다니까. 물이 얼마나 깨끗한지 몰라. 예전에는 빨래도 하고 식수로도 썼지."

마암면 삼락리에서 발견한 둠벙의 흔적.
논 가운데 물이 솟는 자리에 팠던 둠벙을 메우고 관정을 설치했다.

마을에 사는 진종기 씨의 얘기다. 파도처럼 물결치는 논배미에 작은 둠벙이 파고든 것은 언제부터였을까. 논배미에서 꼼지락거리는 생명들이 둠벙을 파고들듯 크고 작은 둠벙들이 우리 들판을 구석구석 파고들 날이 다시 올 수 있을까.

고성 학동마을에서 만나는 또 다른 과거

학동마을 담장

지난 세월의 흔적을 찾다 보면 두 가지 즐거움을 만나게 된다. 하나는 잊고 있던 정겨운 추억을 떠올리는 즐거움이고, 다른 하나는 알지 못했던 생경한 과거의 모습을 발견하는 즐거움이다. 고성에서는 이 두 가지 즐거움을 모두 누릴 수 있다. 둠벙을 찾아보며 정겨운 추억을 떠올렸다면, 이번엔 낯선 과거를 만나러 학동마을로 가보자.

하일면 학림리 학동마을에 들어서면 다른 어느 곳에서도 보지 못한 이색적인 담장이 앞을 가로막는다. 보통의 마을 담장과 달리 2~3㎝ 두께의 납작한 돌로 켜켜이 쌓은 높은 담장은 장중한 분위기를 자아낸다. 담장 맨 위에 기와 대신 구들장에 쓰는 커다란 판석을 올린 모습도 독특하다. 17세기경 마을이 형성되면서 조성됐다는 담장은 등록문화재(제258호)로 지정됐다.

"마을에 왔으면 담 이름은 알고 가야지. 돌 사이에 흙을 채운 건 토담, 흙을 안 채운 건 강담이라 칸데이. 부잣집일수록 담이 높고." 골목에서 만난 이일분 씨는 굽은 허리에도 해설사를 자처하며 "마을 뒷산에 이런 납작한 돌이 억수로 많다"고 덧붙였다.

마을에는 건물의 벽이나 기단도 담장과 같은 방식으로 돌을 쌓은 곳들이 많다. 그래서인지 낡고 오래된 집들도 허술해 보이지 않는다. 특히 경남문화재자료(제178호)로 지정된 최필간 고택(옛 최영덕 고가)은 담과 한옥이 어우러져 운치를 더한다. 현 소유주인 최영덕 씨의 7대조 최필간이 1810년(순조 10년)에 지은 고택에서는 한옥스테이도 운영해 고즈넉하게 머물기 좋다.

이 고택에서 꼭 봐야 할 것이 있으니 바로 뒤뜰의 우물이다. 우물 '정(井)'자 그대로 만든

최필간 고택

최필간 고택

최필간 고택 우물

우물 모양이 재미있고, 화강암으로 덮은 뚜껑도 독특하다. 구한말 다시 만들어진 것으로 추정되는 우물은 지금도 사용되고 있다. 전주 최씨 집성촌으로 50여 가구가 사는 마을에는 전통적인 분위기를 느낄 수 있는 곳들이 많다. 한옥에 꽃과 예술품들이 어우러진 학동갤러리도 들러볼 만하다.

+

농촌에서 어린 시절을 보낸 나이 지긋한 이라면
'봇도랑'을 기억할 것이다.
봇도랑을 따라 걷던 일이나 봇도랑 바닥을 뒤져
개구리며 미꾸라지를 잡던 추억들…….
봇도랑은 냇물을 막아 논으로 물을 끌어들이는 전통 수리시설이다.
전남 화순에는 높은 산에서부터 물길을 만들어
다랑논에 물을 대던 봇도랑이 아직까지 남아 있다.
세월의 풍파에 더러 물길이 일그러지기도 했지만
마을 주민들의 힘으로 다시 살아난 봇도랑은
지금도 세차게 흐르고 있다.

산비탈 다랑논 살린
오래된 물길

해발 1187m의 무등산은 봇도랑이 시작되는 곳이다. 흔히 무등산이라고 하면 광주를 떠올리지만 무등산은 화순과 담양에도 걸쳐져 있다. 무등산 동쪽 기슭의 첫 동네인 화순군 이서면 영평리는 해발 400m에 자리 잡은 산간 마을이다. 무등산에서 시작된 봇도랑은 영평리와 인근 마을의 다랑논들을 층층이 적시며 내려온다.

보통 봇도랑은 냇물에 보를 막아 봇물을 대거나 빼는데, 이곳에서는 산 아래 다랑논에 물을 대기 위해 무등산 계곡의 물줄기에 보를 막고 돌과 흙을 쌓아 10㎞에 이르는 봇도랑을 만들었다. 해발 300~400m의 고지대에 만들어진 이 봇도랑은 다른 지역에서는 보기 드문 관개 시스템이다.

14세기 진주 강씨와 광산 이씨가 정착하면서 조성된 이 마을 봇도랑과 다랑논은 600여 년의 역사를 지니고 있다. 과거 주민들은 농사철이면 울력

양옆을 흙으로 반듯하게 다져 만든 봇도랑이
무등산 산속에 길게 이어져 있다.
봇둑에 낀 푸른 이끼가 오랜 세월을 말해준다.

으로 돌을 날라 봇둑을 쌓았고, 물이 잘 흐르도록 경사를 5~6도로 유지했다. 또 산사태를 막기 위해 봇둑 사면에 뿌리가 넓게 퍼지는 아카시아 같은 식물을 심었다. 이렇게 만들어진 봇도랑은 무등산 아랫마을까지도 넉넉하게 적셨다. 덕분에 이 일대 마을들은 1980년대까지 극심한 가뭄에도 모내기를 할 정도로 물 걱정이 없었다고 한다.

600년 전 산속에 만든 물길 따라 걷다

장장 10㎞에 이르는 물길이 산속에서 굽이굽이 흐르는 모습을 상상하며 산행에 나섰다. 계곡이야 산에서 흔하게 볼 수 있지만, 도랑이라니 어떤 모습일까 궁금했다.

그런데 길을 안내하는 주금숙 영평리 이장의 말이 상상을 가로막았다. 봇도랑은 10㎞에 걸쳐 쭉 이어지는 형태가 아니라, 나뭇가지처럼 여러 갈래로 뻗어 있다는 것이다. 또 시멘트로 덮인 곳, 파이프로 연결된 곳, 끊어진 곳 등 자연재해나 지하수 개발로 훼손된 곳들이 많아 전체를 다 보기는 쉽지 않다고 했다.

봇도랑은 크게 무등산 마당바위폭포와 시무지기폭포에서 시작되는 2개 구간으로 나뉜다. 여기서 다시 여러 갈래로 갈라지며 마을을 감싸듯이 흐른다. 10개 정도 갈래로 나눠진 봇도랑은 가래등봇도랑·구석들봇도랑 등의 이름으로 불린다.

"군데군데 파이프로 연결되거나 매몰된 곳들이 많아요. 물이 흐르지 않고 물길의 흔적만 남아 있는 곳도 있고요. 사실상 그동안 방치돼 있었다고 봐야죠."

+
봇도랑 물길은 바위 사이 좁은 틈으로 이어진다. 주금숙 영평리 이장이 바위 사이로 흐르는 봇도랑을 보여준다.

주 이장은 "다행히 자연 그대로의 원형이 잘 보존된 곳이 있다"며 앞장섰다. 시무지기폭포 구간의 잿뜰봇도랑으로, 마을에서 1㎞쯤 떨어진 곳에서 산행을 시작했다.

"여기를 보세요."

산길을 5분 정도 걸었을까. 물이 보였다. 모르고 왔다면 그저 산에 있는 개울인가 하고 지나칠 법한 작은 도랑이었다. 자세히 보니 물길 양옆으로 푸른 이끼가 낀 크고 작은 돌들이 인위적으로 쌓여 있어 계곡과는 다른 모습이었다. 폭이 50㎝ 정도 되는 도랑에는 맑고 투명한 물이 돌돌거리며 흘렀다. 물길은 곧게 흐르다 휘어지는가 하면, 커다란 바위를 만나 잠시 멈칫거리기도 하면서 완만하게 산을 올랐다. 그러다 양옆이 흙으로 다져진 반듯한 봇도랑이 한참 이어지는가 싶더니 넓은 계곡을 만나면서 끝이 났다. 1㎞

+

돌과 흙을 쌓아 자연 그대로의 물길을 살린 봇도랑이 산속에서 굽이굽이 흐르고 있다.
봇도랑 주변으로는 풀들이 무성하다.

쯤 왔을까. 커다란 바위를 중심으로 한쪽은 계곡이 되고 한쪽은 봇도랑이 되는 모습이 한눈에 보였다. 바위가 물을 막는 보 역할을 한 것이다.

봇도랑 살리면 산비탈 다랑논도 살아나

"어릴 적 아버지와 함께 이 봇도랑을 따라 산책을 다녔어요. 맑은 도랑 주변으로 나리며 창포가 핀 길이 너무 좋았죠. 그런데 타지에 나가 살다 20여 년 만에 고향에 돌아왔더니 옛 모습이 사라져버렸더라고요. 그래서 주민들과 함께 뜻을 모았어요."

오랫동안 방치돼 있던 봇도랑은 몇 년 전부터 주민들에 의해 다시 살아나고 있다. 자연 그대로의 원형이 보존된 이 봇도랑도 최근 주민들이 정비한 것이다. 영평리를 비롯한 주변 마을 주민들은 '봇도랑보존회'를 만들어 봇도랑 주변을 정비하는 복원활동을 벌이는 한편 봇도랑의 가치를 세상에 알리고 있다. 그런 노력에 힘입어 봇도랑과 다랑논은 2013년 전남도농업유산(제5호)으로 지정됐다.

+

무등산 중턱에 있는 시무지기폭포에서
봇도랑의 물길이 시작된다.
'시무지기'라는 이름은
'세 무지개'의 전라도 사투리에서 비롯됐다.

그러나 아직도 봇도랑의 많은 구간들은 옛 모습을 찾지 못하고 있다. 주 이장은 "봇도랑은 자연환경을 슬기롭게 활용한 옛사람들의 지혜가 담긴 유산"이라며 "봇도랑과 다랑논을 따라 걸을 수 있는 산책로를 만들 계획"이라고 말했다.

산에서 내려와 마을에 들어서니 산의 부드러운 능선을 닮은 다랑논들이 층층이 누워 있었다. 모내기를 앞둔 논에는 봇도랑을 타고 왔는지 맑은 물이 가득했다. 그동안 이 다랑논들도 봇도랑과 마찬가지로 방치돼 축사로 변하거나 묵은 곳들이 많았지만, 최근 주민들이 다시 농사를 지으며 옛 모습이 살아나고 있다.

무등산에서 내려온 봇도랑 물로 농사를 짓는 다랑논들이 산간마을에 펼쳐져 있다.

속을 파낸 통나무를 바위 사이에 걸어 물길을 이은 모습에 감탄이 나온다.
물길을 낼 수 없는 곳에는 이렇듯 자연 소재를 이용해 물길을 만들었다.

자연으로 이은 물길…오래도록 이어지길

마지막으로 "이 봇도랑은 꼭 보고 가라"는 주 이장의 말에 또 다른 봇도랑 하나를 찾아 나섰다. 철철이폭포에서 다랑논으로 물을 대는 봇도랑이라는데, 안심마을 뒤편에 있다고 했다.

봇도랑이 어디에 있을까 계곡 주변을 두리번거리니 바위 사이에 걸린 기다란 통나무가 보였다. 반으로 갈라 속을 파낸 통나무 속으로 물이 흐르고 있었다. 자연 그대로의 물길을 만들 수 없는 곳에 자연 소재인 통나무를 이용해 물길을 이은 것이다. 세상을 살리는 것은 다름 아닌 '자연'이라는 평범한 진리를 깨닫는 순간이었다.

'한국에서 가장 아름다운 마을' 3호 영평리 영신마을

"옛날엔 빨래터가 벅적벅적했제."

"그땐 어디 수도가 있었나. 여그서 다 했다니까."

"요새도 이불 빨래는 여그서 한당께. 상추도 씻어 먹고."

"산에서 나오는 물이라 여름엔 시원하고 겨울엔 따뜻혀. 위에 마을이 없응께 물이 깨끗허지."

"이렇게 좋은 빨래터를 놔두고 왜 세탁기를 쓰는지 몰러."

봇도랑이 마을을 감싸는 이서면 영평리 영신마을에는 오래된 빨래터가 있다. 볕 좋은 봄날, 영신마을 빨래터에서 마을 아낙네들이 수다 삼매경에 빠졌다.

"요즘도 빨래터에서 빨래를 하느냐"는 기자의 질문에 마을회관의 빨랫감을 들고 나선 주금숙 이장과 윤순임 씨가 자리를 잡자, 신기하게도 한 사람 두 사람 모여들었다. 빨래터 바로 옆에 사는 이정순 씨가 흙이 묻은 수건을 들고 나오고, 하순임 씨가 된장이 묻은 뚝배기를 가져왔다.

요즘은 시골에서도 웬만해서는 보기 힘든 이 빨래터의 이름은 '설시암(설샘)'이다. 땅에서 맑은 물이 일 년 내내 솟아나는 샘인데, 빨래를 할 수 있도록 판판한 돌을 놓아 오래전부터 빨래터로 이용하고 있다.

설시암이라는 이름은 조선시대 이율곡이 물맛을 보고는 "눈(雪)처럼 맑고 시원하다" 해서 붙여졌다고 한다. 설시암에서 솟아난 물은 마을을 가로지르며 흘러 마을 어디에서나 물소리가 들린다. 마을 주민의 40%가 65세 이상 고령으로, 주민들은 물이 좋아 장수한다고 믿는다.

영신마을에는 유명한 것이 또 있다. 바로 돌담이다. 낡고 오래된 옛집들은 하나같이 투박한 돌담을 나지막이 두르고 있다. 상추며 마늘이 심어진 채마밭도 마찬가지다. 마을 뒤편에 우뚝 서 있는 무등산이 돌산이라 산에서 나온 돌로 담을 쌓은 것이라고. 크고 작은 돌에는 푸른 이끼가 끼어 오랜 세

영신마을 빨래터 설시암

월을 말해준다. 돌담의 나이도 마을과 같은 600여 년. 돌담 너머로 고개를 내민 수국의 향기가 세월의 더께를 걷어낸다.

이렇듯 옛 모습을 그대로 간직한 영신마을은 2011년 '한국에서 가장 아름다운 마을 3호'가 됐다. 이는 '한국에서 가장 아름다운 마을연합(한아연)'에서 지정한 것이다. 한아연은 1982년 프랑스에서 시작돼 세계적으로 확산되고 있는 '가장 아름다운 마을 운동'을 추진하는 국내 단체다. '가장 아름다운 마을 운동'은 작은 농촌마을의 경관과 문화유산을 전 세계에 알리기 위한 운동이다. 2010년 국제 조직인 '세계에서 가장 아름다운 마을 연합회'가 결성됐다.

정겨운 고향의 옛 모습을 간직한 영신마을에는 최근 찾아오는 사람들이 늘고 있다. 한국에서 가장 아름다운 마을로 지정된 데다 무등산 둘레길인 '무돌길' 제8길의 시작점이기 때문이다. 마을 뒷산인 무등산 기슭에는 9000만 년 전에 형성된 것으로 알려진 주상절리 광석대와 규봉암이 있다. 또 인근에 김삿갓 이야기로 유명한 화순적벽도 있어 함께 들러볼 만하다.

영신마을 담장

+

전북 김제의 벽골제碧骨堤는 이름 그대로 제방이다.
'국내 최고最古 최대最大 저수지'라는 거창한 수식은
과거의 이야기에 지나지 않는다.
지금은 물을 대는 저수지가 아니며,
제방과 수문만 남아 있을 뿐이다.
그런데도 벽골제는 오랜 세월
드넓은 김제만경평야를 지키는 버팀돌이 되어왔다.
딱딱한 돌과 거친 흙 사이에 있는 무엇이
벽골제에 이름 그 이상의 의미를 더한 것일까.

너른 들판 지키는 농경문화의 산실

절터에 매혹된 적이 있었다. 세월에 닳고 닳은 돌덩이만 덩그러니 남아 있는 터. 황량하고 적막한 터에 서면 시간이 멈춘 듯 환영이 보이곤 했다. 돌덩이 위 텅 빈 공간에 웅장한 탑이 올라서는가 하면, 돌덩이가 대웅전의 주춧돌로 변하기도 했다.

벽골제를 찾아갈 때 절터가 떠올랐다. 수문과 제방의 일부만 남아 지금은 저수지의 형체를 알 수 없는, 1700여 년 전 축조된 국내 최대 저수지. 남아 있는 것은 어떤 모습이고, 텅 빈 공간엔 어떤 환영이 떠오를까.

전통 살린 볼거리·즐길거리 가득한 벽골제단지

황량한 절터를 떠올린 건 오산이었을까. 김제시 부량면에 도착하자, 대규모

관광단지가 된 벽골제가 화려한 모습으로 반긴다. 18만8848㎡(5만7000평)에 이르는 넓은 공간에 조성된 벽골제단지에는 볼거리·즐길거리·먹거리가 다채롭게 어우러져 있다.

사적 제111호인 벽골제는 김제의 대표적인 명소로 꼽힌다. 그도 그럴 것이 김제와 벽골제는 이름에서부터 떼려야 뗄 수 없는 관계다. 김제시의 옛 이름은 '벽골군(碧骨郡)'. 벽골은 '벼의 고을'이라는 '볏골'에서 비롯된 말이다. 벽골은 신라 경덕왕 때 '김제'로 바뀐다. 김제(金堤)의 뜻은 '황금 같은 벼를 캐는 둑'. 과거부터 현재까지 어느 이름으로 보나 김제는 벼의 고장이고, 벽골제는 김제의 상징이다.

벽골제 제방 앞에는 커다란 쌍룡 조형물이 서 있다.
철골에 대나무를 엮어 만든 15m 높이의 쌍룡은 벽골제 설화에 등장한다.

벽골제단지에서 먼저 발길을 옮긴 곳은 벽골제농경문화박물관이다. 벽골제의 발굴과정과 농경문화가 알기 쉽게 전시돼 있다. 이어 농경사주제관과 체험관을 둘러본 뒤 3층 전망대에 오르자, 벽골제 제방과 주변의 들판이 한눈에 보인다.

넓은 잔디밭이 펼쳐진 야외공간에도 볼거리가 많다. 그네타기·윷놀이 등을 즐길 수 있는 민속놀이체험마당과 김제농악을 배울 수 있는 벽골우도농악전수관, 짚풀공예·목공예 체험장 등이 발길을 끈다. 한마디로 전통문화와 농경문화를 배우고 즐기는 장이다. 이곳에서는 매년 가을이면 '김제지평선축제'도 열린다.

벽골제 수문으로 가는 길엔 두 마리의 거대한 쌍룡이 앞을 가로막는다. 철골에 대나무를 엮어 만든 높이 15m의 쌍룡은 벽골제에 얽힌 설화의 주인공이다. 신라 원성왕 때 착한 백룡과 사나운 청룡이 있었는데, 벽골제를 무너뜨리려는 청룡이 백룡과 싸워 이겼다. 그러자 김제 태수는 벽골제 보수공사를 위해 내려온 원덕랑의 약혼녀를 몰래 청룡에게 제물로 바치기로 했는데, 원덕랑을 짝사랑하던 김제 태수의 딸 단야가 스스로 제물이 되어 희생하면서 벽골제를 지켜냈다는 이야기다. 이 설화는 지역 주민들에 의해 '쌍룡놀이'로 전승돼 축제 때마다 재연되고 있으며 벽골제단지에는 단야각도 있다.

질곡의 역사…거대한 저수지는 어디에

두 마리의 거대한 용 뒤편으로 가로로 길게 이어진 푸른 선이 보인다. 바로 벽골제의 제방이다. 모르고 본다면 제방은 그저 낮은 언덕으로 보인다. 거대한 쌍룡의 위용에 가려져 제방과 수문은 더더욱 눈에 잘 띄지 않는다. 벽골제를 다녀간 이라면 누구든 쌍룡부터 기억하지 않을까? 벽골제단지에서 벽골제 자체는 오히려 잘 드러나지 않는 느낌이 든다.

제방에는 돌기둥만 남은 수문이 있다. 현존하는 두 개의 수문 중 하나인 '장생거'다. 다른 수문 '경장거'는 단지 밖 제방 남쪽에 있다. 1975년 발굴·복원된 두 개의 수문에 이어 2012년 발굴조사에서는 가운데 수문인 중심거가 확인돼 복원작업이 진행 중이다. 〈신증동국여지승람〉에는 수여거·장생거·중심거·경장거·유통거 등 벽골제의 5개 수문에 대한 기록이 있다. 이 5개 수문을 통해 나온 물은 김제·부안·정읍 등지의 논 1만ha를 적셨다고 한다.

수문은 벽골제의 얼굴이다. 5.5m 높이의 돌기둥 윗부분에는 홈이 파져 있다. 나무문을 들어올리기 위해 쇠줄을 달았던 흔적이다. 벽골제의 얼굴을

+

제2수문 장생거가 있는 벽골제단지의 제방에서 아이들이 뛰어놀고 있다.
벽골제단지에는 실제로 문을 열고 닫는 체험을 할 수 있는 수문 모형도 있다.

+

가만히 들여다본다. 닳고 닳은 흔적을 이리저리 살펴보아도 돌덩이는 꿈쩍도 하지 않는다. 〈신증동국여지승람〉에 실린 벽골제중수비의 기록은 수문에 대해 이렇게 설명하고 있다.

"(수문) 양쪽의 석주심(石柱心)이 움푹 들어간 곳에는 느티나무 판을 가로질러서, 내외로 고리와 쇠줄을 달아 나무판을 들어올리면 물이 흐르도록 하였으니 수문의 너비는 모두가 13자요, 돌기둥의 높이는 15자이며, 땅속으로 4자나 들어가 있다……."

수문을 지나 비스듬한 경사를 따라 제방에 올랐다. 1975년 발굴보고서에 따르면 제방의 높이는 4.3m, 밑변의 너비는 17.5m, 윗변은 7.5m, 길이는 신용리에서 월승리까지 2.5㎞에 이른다.

벽골제단지 밖 제방 남쪽의 넓은 들판에 제4수문 경장거가 외로이 서 있다.
과거 돌기둥 사이 수문으로 빠져나온 물은 저 드넓은 논을 적셨을 것이다.

제방에 올라 과거 저수지였던 안쪽을 바라본다. 제방을 포함한 저수지의 둘레가 40㎞에 달했다고 하니 어마어마한 규모다. 그런데 눈앞에 펼쳐진 풍경은 웅장한 저수지도, 광활한 들판도 아니다.

제방 바로 안쪽에는 길게 물길이 나 있다. 1925년 일제강점기 때 만들어진 관개수로다. 일본인들이 제방을 반으로 갈라 수로로 만들고 수탈을 위해 조성한 간척농지에 물을 댄 것이다. 이 수로는 지금까지도 농업용수로 이용되고 있으나, 이로 인해 저수지의 원래 모습은 사라져버렸다. 수로 옆으로는 갈라진 제방의 다른 한쪽이 길게 뻗어 있다. 원래의 둑이 둘로 나눠진 모습이다. 그리고 갈라진 제방 너머엔 작은 저수지가 있다.

"벽골제 복원을 위해 새로 조성하고 있는 저수지예요. 제방 옆으로는 원래 논이었는데, 김제시에서 논을 사들여 저수지로 만들고 있어요. 지금은 저수지 기능을 하기보다는 경관용이죠. 논이 모두 사유지다 보니 복원이 쉽지 않아요."

장춘옥 벽골제문화관광해설사의 설명이다. 그의 말처럼 정말 둘레가 40㎞나 되는 거대한 저수지가 다시 생겨나 제방 아래서 출렁일 수 있을까? 김제 만경 들판에 실핏줄처럼 이어지던 물길을 정말 되살릴 수 있을까? 고개를 갸웃거리며 제방을 내려왔다.

현존하는 다른 수문인 경장거를 찾아 나섰다. 경장거는 장생거가 있는 제방에서 단지 밖으로 남쪽 2.1㎞ 지점에 있다. 그러나 제방 중간이 막혀 있어 제방을 따라 걸어서 찾아갈 수는 없었다.

벽골제단지에서 나와 이리저리 길을 돌고 돌아 겨우 경장거를 찾았다. 경장거로 가는 길에는 아무런 안내판도 없고 경장거 앞에도 별다른 표시가 없었다. 공을 들여 조성한 벽골제단지와는 대조적이다.

그래서일까. 경장거 주변으로는 누런 들판이 끝없이 펼쳐져 있었다. 오래된 둑 위로 흔들리는 은빛 억새, 황금물결을 이룬 '징게맹갱외에밋들'(김제만경평야의 전라도 사투리). 적막한 절터처럼 고요한 들판에서 만난 두 개의 돌덩이는 말없이 자리를 지키고 있었다. 우두커니 그 자리에 서서 얼마나 오랜 세월을 견뎌온 것일까. 단단한 몸피를 스치며 지나가던 거센 물살을, 저 너른 들판에서 일어난 수많은 일들을 아직 기억하고 있을까.

고대 토목기술의 집합체

〈삼국사기〉에 따르면 벽골제가 축조된 시기는 330년(백제 비류왕 27년)이다. 벽골제는 당시 나라 안에서 가장 큰 호수였다. '국지대호(國之大湖)' '동방거택(東方巨澤)'이라 불리기도 했다. '호남(湖南)'과 '호서(湖西)'라는 이름도 벽골제를 기준으로 생겨난 말이다.

이후 통일신라와 고려 때 세 번 고쳐 쌓았고, 1415년(조선 태종 15년)에 대대적으로 중수했다. 중수 당시의 기록은 이것이 얼마나 크고 힘든 토목공사였는지를 짐작하게 한다. 제방을 쌓는 데만 연인원 32만여 명이 동원됐다고 한다.

벽골제 공사의 어려움을 드러내는 유적들도 남아 있다. 대표적인 것이 제방 북단의 '되배미'다. 당시 동원된 인원이 세기 힘들 정도로 많아 1650㎡(500평)의 논에 인부들을 빽빽이 세워놓고 되질하듯 셌다고 한다. 또 제방 남단의 '제주방죽'은 태풍으로 인해 늦게 도착한 제주의 인부들이 아쉬운 마음에 만든 방죽이다. 당시 중수공사에는 전국 7주의 인부들이 참여했다고 한다. 제방 북단에 있는 '신털미산'은 인부들이 짚신에 묻은 흙을 털어 만든 산이라고.

+

벽골제 제방 왼쪽으로 간선수로가, 오른쪽으로 새로 만든 저수지가 보인다.
일제강점기 때 벽골제 제방을 반으로 갈라 간선수로를 만들면서 제방의 원형이 훼손됐다.

그러나 벽골제는 일제강점기에 크게 훼손되며 수로로 변했고, 일부 제방과 수문은 논에 묻혔다. 이후 1975년 발굴조사를 통해 제방과 수문이 발굴되며 벽골제는 다시 세상에 드러났다. 발굴작업은 현재도 계속되고 있다.

벽골제가 높이 평가받는 이유는 단지 유구한 역사 때문만은 아니다. 발굴과정에서 드러난 과학적인 건축공법은 고대 토목기술의 집합체로 불린다. 벽골제는 해안가에 위치해 조류의 영향이 큰 데다 표고 차가 거의 없는 평야 지역에 축조돼 당시 건축기술이 총동원됐다. 대표적인 공법은 흙 사이에 나뭇잎 등 식물층을 넣어 흙벽의 강도를 높인 '부엽(敷葉)공법'이다. 이는 1세기 중국에서 고안된 공법으로 낙랑군을 통해 한반도에 들어온 뒤, 6~7세기에 일본으로 전해졌다.

초낭을 이용한 공법도 확인됐다. 초낭(草囊)은 진흙을 넣은 풀주머니로, 연약기반 다짐을 할 때 쓰인다. 흙으로만 쌓으면 공기가 통하지 않아 무너질 수 있지만, 초낭을 쌓으면 주머니 사이에 공간이 생겨 잘 무너지지 않는다.

경장거 주변으로 드넓은 황금들판이 펼쳐져 있다.
멀리 지평선이 보이는 김제만경평야는 곡창지대인 김제의 상징이 되었다.

경장거 옆으로 흐르는 수로에 설치된 오래된 수문이
억새와 어우러져 가을 분위기를 드러낸다.

곡창지대 김제만경들의 버팀돌 되다

이제 벽골제는 농업용수를 공급하는 저수지가 아니다. 문화재이자 관광지로 가치를 높이고 있으며, 2016년에는 국제관개배수위원회의 '세계관개시설유산(HIS)'에도 국내 최초로 등재됐다. 그런데 물을 대는 저수지가 아닌 벽골제가 농민들에겐 어떤 의미를 지닐까?

"과거엔 벽골제가 중요한지도 모르고 제방에서 미끄럼을 타며 놀곤 했죠. 그런데 지금은 벽골제에 산다고만 말해도 사람들이 고개를 끄덕여요. 벽골제에서 생산된 쌀이라고 하면 최고로 치죠."

신용리에서 벼농사를 짓는 임태형 씨의 이야기다. 김제 사람들에게 벽골제는 그 존재만으로도 위안이 되는 모양이다. 사실 벽골제의 실체는 딱딱한 돌덩이와 나지막한 언덕에 지나지 않는다. 말 없는 돌과 흙에 기대어 생명을 일구며 살아온 사람들에겐 수문과 제방 위로 어떤 환영이 보이는 것일까.

벽골제에서 만난 옛 수리시설들

"어릴 적 기억으로 해봤는데 힘드네요. 옛날 사람들은 농요를 불러가며 흥을 내서 밟았겠죠?"

벽골제를 찾은 한 관광객이 물레방아처럼 생긴 무자위의 바퀴를 힘겹게 디디며 이렇게 말했다.

고대 수리시설인 벽골제에서는 이처럼 선조들이 사용하던 옛 수리시설과 농기구들을 체험할 수 있다. 넓은 단지 곳곳에 조성된 연못에 무자위·용두레 같은 농기구와 논의 모형이 설치돼 있어 실제로 논에 물을 대보는 체험이 가능하다.

과거에는 개울이나 웅덩이의 물을 인력으로 퍼올려야 했는데, 이때 쓰던 농기구가 무자위·용두레·맞두레다. 무자위는 무넘기(둑)가 얕은 곳에서 대량으로 물을 댈 때 사용하던 연장이다. 물을 자아올린다 하여 무자위라 하며, 지역에 따라 '자애' '자세' 등으로 불렸다.

커다란 나무바퀴에 나무판자가 날개처럼 달린 무자위에 올라서서 기둥을 잡고 날개를 밟으면 날개가 물을 쳐서 밀어올린다. 무자위는 평야지대의 논이나 염전에서 주로 사용했다.

배 모양의 용두레는 물을 대량으로 퍼올리는 기구다. 통나무의 앞쪽은 깊게 파고 뒤쪽은 얕게 파낸 다음 뒤쪽에 자루를 단다. 물이 있는 곳에 삼각대를 세우고 줄을 매 용두레를 건 다음, 통나무 앞부분으로 물을 떠서 논으로 던진다. 용두레에는 30~40ℓ의 물을 담을 수 있다.

무넘기가 높아 무자위나 용두레로 풀 수 없을 땐 맞두레로 물을 펐다. 맞두레는 네 가닥의 줄이 달린 두레박으로, 두 사람이 마주 잡고 물을 퍼올려 논으로 던진다. 두레박은 나무 대신 양철통이나 통나무를 파낸 바가지를 쓰기도 했다.

이 농기구들은 벽골제농경문화박물관에도 전시돼 있다. 또 박물관에는 발동기·펌프 등 동력을 이용한 근현대 수리시설도 전시돼 있어 수리시설의 변천사를 한눈에 볼 수 있다.

무자위

맞두레

용두레

벽골제농경문화박물관에 전시된 수리시설들

+

삼한시대에 축조돼 지금도 들판에 물을 대는
가장 오래된 저수지.
충북 제천의 의림지를 설명하는 말이다.
삼한시대라니, 잔잔한 수면 어디쯤에 그 시간이
깃들어 있는 것일까.
일상이 되어버린 현재의 풍경 속에서
과거의 모습을 찾기란 쉽지 않다.
오래된 수리시설에서 편안한 휴식공간으로 변한
의림지에서 천년의 시간을 가늠해본다.

들판 적시며 풍경이 된
유구한 젖줄

의림지는 제천 10경 중 제1경이다. 그만큼 경관이 빼어나다. 맑고 푸른 물 위엔 오리배가 한가로이 떠다니고 하얀 분수가 시원스럽게 솟아오른다. 물가엔 카페와 음식점에 놀이공원까지 들어서 있다. 한마디로 '놀 만한' 유원지다.

그러나 의림지는 단순한 유원지가 아니다. 천년의 역사가 서린 유적이자, 지금도 논밭에 물을 대는 수리시설이다. 그런데 막상 의림지에 당도하면 천년의 시간도, 논밭에 물을 대는 모습도 쉽게 볼 수가 없다. 의림지의 가치를 제대로 알려면 어디서 무엇을 봐야 할까?

+

하늘에서 내려다본 의림지. 의림지 둘레를 따라 산책로가 조성돼 있고 푸른 숲이 우거져 있다.
천년이 넘는 세월 동안 의림지의 물로 농사를 지어온 청전뜰도 한눈에 보인다.

용두산에서 청전뜰까지, 세월을 견딘 독특한 구조

"물이 어디에서 와서 어디로 흘러가는지 살펴보세요. 그러면 의림지의 역사를 알 수 있습니다."

장기완 충북문화관광해설사는 이렇게 말하며 물이 흐르는 과정을 설명했다. 둘레 2㎞, 면적 15ha인 의림지의 수원은 제천 북쪽에 우뚝 솟은 용두산(871m)이다. 용두산 아래에는 피재에서 내려오는 물을 막은 '제2의림지(비룡담저수지)'가 있다. 용두산에서 발원한 물이 제2의림지의 물과 만나 의림지로 내려오는 구조다.

그런데 이 물은 의림지로 곧장 들어가지 않고 한 단계를 더 거친다. 바로 의림지 서쪽의 작은 저수지다. 의림지 둘레로 조성된 산책로에서 아치 모양의 '무지개다리'에 올라서면 오른편으로는 넓은 저수지, 왼편으로는 작은 저수지가 보인다. 작은 저수지는 용두산에서 내려온 물을 1차로 저장하면서 큰 저수지가 마르면 물을 보충해주고, 홍수의 위험이 있으면 물을 빼내 수위를 맞춰주는 역할을 한다. 또 토사가 내려오면 큰 저수지로 유입되지 않게 한다.

"두 저수지를 연결하는 무지개다리 아래 통로에는 보가 설치돼 있어 모래나 자갈이 넘어가지 못합니다. 일반적으로 저수지는 토사가 쌓이면 훼손되는데, 의림지는 이런 구조를 통해 오랫동안 형태와 기능이 유지됐다고 할 수 있어요. 1972년 수해 때도 작은 저수지 쪽으로 물을 빼내 큰 피해를 막았지요."

30여 년간 의림지의 수문을 관리해온 한국농어촌공사 제천지소 김용근 씨의 얘기다. "작은 저수지의 물은 농경지가 아닌 계곡으로 빠져나간다"면서 김씨가 수문을 작동하자, 뜻밖의 장관이 펼쳐진다. 작은 저수지를 막고 있던 육중한 전도게이트가 서서히 수평이 되어 열리면서 저수지의 물이 깊은 협곡으로 와르르 쏟아진 것이다. 계곡으로 떨어진 물은 순식간에 거대한 폭포로 변했는데, 알고 보니 '용추폭포'라 불리는 의림지의 명소였다. 김씨는 "과거엔 장마 때 수위를 조절하기 위해 전도게이트를 내렸지만, 요즘은 관광객을 위해 주말에도 내린다"고 말했다.

물이 귀하던 시절엔 '차렛물'로 논밭 적셔

무지개다리를 지나 산책로를 따라가자 제방이 나타난다. 큰 저수지를 막은 170m 길이의 제방에는 아름드리 노송들이 서 있다. 수령 150~300년 된 소나무가 우거진 '제림(堤林)'이다. 의림지와 함께 국가명승(제20호)으로 지정된 제림에는 '영호정'과 '경호루'라는 정자가 있어 운치를 더한다.

제방에서 찾아봐야 할 것은 수문과 수로다. 수문은 영호정 아래 물속에 잠겨 있어 잘 보이지 않지만, 제방 바깥쪽 비탈에는 수문에서 나온 물이 내려가는 수로가 있다. 이어 눈을 들면 멀리 드넓은 농경지가 보인다. 바로 '청전뜰(모산동·신월동·청전동)'이라 불리는 의림지의 몽리지역(수리시설로 물을 대는 곳)이다.

+

용두산에서 내려온 물이
1차로 저장되는 의림지 서쪽의 작은 저수지.
의림지의 수위 조절을 위해 수문을 열면
협곡으로 물이 쏟아지면서 웅장한 용추폭포가 된다.

\+

의림지 제방에는 150~300년 된 노송들이 우거진 제림이 있어 산책하기에 좋다.
제림은 의림지와 함께 국가명승으로 지정돼 있다.

\+

〈세종실록지리지〉에는 '논 400결에 물을 댄다'라는 기록이 있으나, 현재는 청전뜰 197ha에서 790여 농가가 저수지의 물로 농사를 짓고 있다. 지금이야 버튼만 누르면 수문이 열리고 언제든 물을 받을 수 있지만, 예전엔 수문 벽의 수구를 동그란 나무통(수통)으로 막아뒀다가 위쪽부터 하나씩 빼면서 물을 댔다. 가뭄이 심해 맨 아래 나무통까지 빼낼 때에는 모든 농가들이 모여 지켜보곤 했다고 한다.

또 제2의림지가 생기기 전(1970년)까지만 해도 물은 늘 모자랐고, 그래서 등장한 것이 '차례물'이었다. 논을 1구역부터 8구역까지 나눠 차례대로 물을 준 것이다. 김용근 씨는 "1구역에 물을 주는 날이면 1구역 사람들이 아침부터 수문 앞에 몰려와 물길을 자기 쪽으로 가져갔다"며 "수문에서 가장 멀리 떨어진 논에서는 하지가 다 돼서야 모내기를 하기도 했다"고 기억했다.

+

저수지 제방 바깥쪽 비탈에는 수문에서 나온 물이 농경지 쪽으로 내려가는 수로가 있다.

김씨는 5월부터 9월까지 급수기에는 매일 순찰을 돌며 논이 마르지 않았는지를 확인하고 급수 여부를 결정했다. 지금은 혼자서 하지만 그때는 저수지 관리인이 5명이나 됐다고 한다. 또 청전뜰에서 농사짓는 아낙들 중에는 발가락이 꼬부라진 사람이 많았단다. 흙으로 된 수로에서 넘어지지 않으려고 신발을 벗고 발가락에 힘을 주며 새참을 나르다 보니 그렇게 됐다는 얘기다.

+

제림에 세워진 비석의
글귀가 의림지의 역사적
의미와 가치를 일깨워준다.

천년의 시간을 만나려면 물을 따라가보라

제림에 세워진 비석의 글귀가 눈에 띈다. '농경문화의 발상지'.

의림지의 축조 시기에 대해서는 여러 설이 있다. 삼한시대에 축조됐다고 전해지는가 하면 신라시대 우륵이 쌓았다는 설이 있고, 고려시대 현감 박의림이 쌓았다는 이야기도 있다. 한국지질자원연구원의 조사에서는 1200~2000년 전에 축조된 것으로 확인돼 '농경문화의 발상지'라는 수식이 무색하지 않다.

비석과 표지판에서 천년이 넘는 시간을 확인한 뒤 다시 산책로를 걷는다. 천년의 시간 따위엔 관심 없이 바삐 걸어가는 사람들, 수문이나 수로 따윈 쳐다보지 않고 한가로이 오리배를 타는 사람들……. 물의 흐름을 따라가며 천년의 시간을 가늠하는 일은 이들에겐 쉽지 않아 보인다. 비석 속의 옛이야기와 아름다운 풍경이 함께 어우러질 순 없는 것인지.

의림지 명물 순채와 공어

의림지는 수천 년 동안 다양한 동식물의 터전이었다. 그중에서도 오래전부터 의림지의 명물로 알려진 것이 있으니 바로 '순채(蓴菜)'와 '공어(空魚)'다.
순채는 수련과의 수생식물이다. 둥근 잎이 물 위에 떠 있는 모습은 연과 비슷하며, 7~8월에 홍자색 꽃을 피운다. 어린잎은 줄기와 함께 우무 같은 점액질에 싸이는데, 이를 식용으로 쓴다. 주로 국을 끓이거나 데쳐서 초장에 찍어 먹는다. 지금도 고급 일식집에서 전채요리로 순채를 쓰기도 한다.
순채는 그 효능이 남달라 예로부터 귀한 식재료로 꼽혔다. 순채는 100가지 독소를 해독하는 등 갖가지 효능이 있는 것으로 알려져 있다. <규합총서>에는 '연한 순채를 녹말가루를 묻혀 삶아 오미잣국에 띄워 먹는다'며 '맛이 좋고 열을 내리게 해 온갖 약의 독을 풀어주고 비위를 열어 입맛을 돋운다'고 기록돼 있다. 또 <동의보감>에는 '숙취를 풀어주고 모세혈관을 깨끗하게 해준다'고 나와 있다.

홍광초등학교 연못의 순채

조선시대에는 의림지 수면에 순채가 많이 자생해 임금에게 진상품으로 올렸다고 한다. <신증동국여지승람>에는 '순채는 의림지에서 난다'라고 기록돼 있다. 그러나 1972년 의림지에 수해가 나면서 순채 서식지가 훼손됐다. 이에 제천시농업기술센터에서 순채 복원을 추진했으나, 생육조건이 까다로워 잘되지 않았다. 현재는 의림지 근처 홍광초등학교의 연못에서 시범적으로 순채를 재배하고 있다.
그럼 제천에서 순채음식을 맛볼 순 없는 걸까? 아니다. 순채요리 연구가인 박화자 씨

순채초회

순채해물누룽지탕

공어 (사진 제천시청)

가 운영하는 '약채락 바우본가'에서는 순채 비빔밥·순채해물누룽지탕·순채초회 등을 맛볼 수 있다. 순채는 특별한 맛은 없지만 다른 재료에 어우러져 부드럽게 잘 넘어간다.

박씨는 "의림지 순채가 복원돼 농가에 보급되면 국산을 이용하겠지만, 아직은 중국산을 쓸 수밖에 없다"며 "순채는 마늘이나 생강처럼 양념으로 다양한 음식에 활용하기 좋다"고 말했다.

공어는 의림지에서 자라는 빙어를 말한다. 1920년대에 일본에서 들여온 빙어를 의림지에 풀면서 전국으로 확산됐다고 하니 국내 빙어의 원조라 할 수 있다. 의림지의 빙어는 다른 지역의 빙어보다 맑고 투명해 '공(空)어'라 부른다. 겨울이면 꽁꽁 언 의림지에서 공어낚시를 하는 사람들이 많다. 의림지 주변 식당에서는 공어회나 튀김 등을 판다.

김용갑 의림지를사랑하는사람들의모임 회장은 "소양호에서 빙어를 잡아다가 의림지에 넣으면 거뭇한 빙어가 3일 만에 노랗고 투명하게 변한다"면서 "어릴 땐 족대로 뜨기만 해도 한가득 잡혔는데 지금은 외래어종이 많아져 외래어종 퇴치운동을 벌이고 있다"고 말했다.

5장

돌다 돌다 추억으로 멈추는

+

물레방아가 돌아가는 풍경은
얼마나 정겹고 평화로운가.
강원 정선군 화암면 백전리에는
20여 년 전까지 마을 사람들이 쓰던
물레방아와 물레방앗간이 고스란히 남아 있다.
비록 골짜기에 울려 퍼지던 방아 소리는 사라졌지만,
100여 년 동안 마을을 지켜온 물레방아는
옛이야기를 간직한 채
지금도 천천히 돌아가고 있다.

물레 따라 돌아가는 정겨운 옛이야기

물레방아는 물의 힘으로 바퀴를 돌려 곡식을 찧는 농기구다. 조선 후기 실학자인 연암 박지원이 청나라의 수차를 본떠 1792년 국내에 처음 물레방아를 설치했다. 발로 밟던 디딜방아나 소의 힘을 빌리던 연자방아에 비하면 엄청난 발전이었다. 자연을 이용해 노동력을 획기적으로 줄인 선조들의 지혜가 담긴 발명품이라 할 수 있다.

그러나 전기라는 새로운 동력이 등장하면서 마을마다 있던 물레방아는 하나둘 사라져갔다. 대신 추억과 향수를 자아내는 상징물이 되어 공원이나 관광지, 음식점 같은 곳에 다시 세워졌다. 하지만 대부분의 물레방아는 동그란 물레만 있을 뿐 곡식을 찧는 방앗공이와 방앗간은 생략된 형태로 장식용에 머물고 있다.

그럼 물레방아의 원형은 어떤 모습일까? 아리랑의 고장으로 알려진 정선에는 물레방아가 많다. 특히 화암면 백전리의 물레방아는 우리나라에서 가장 오래된 데다 원형이 잘 보존돼 강원도 민속자료(제6호)로 지정돼 있다.

'정선읍내 물레방아는 사시장철 물을 안고 뱅글뱅글 도는데 우리 집에 서방님은 날 안고 돌 줄을 왜 모르나'라는 '정선아리랑'의 가사도 이와 무관하지 않아 보인다. 최원희 정선문화원 사무국장은 이렇게 설명한다.

"정선에는 물레방아가 많았어요. 남한강 최상류 지역으로 수량이 풍부하고 물의 흐름이 좋기 때문이죠. 물레방아는 산간지역 화전민들의 애환이 담긴 농경문화입니다. 메밀·콩·옥수수 같은 산간에서 나는 농산물들을 빻는 데 요긴했지요. 지역마다 방아계가 있었고 고사를 지내는 문화도 있었어요."

산촌마을에 외로이 서 있는 100년 된 물레방아

깎아지른 뼝대가 호위하는 골짜기를 몇 굽이나 지났을까. 백전리로 가는 길은 그야말로 첩첩산중, 심산유곡이다. 이런 곳을 오지라 하는 걸까. 사람들의 발길이 닿지 않은 곳이 없는 시대에 아직도 이런 곳이 있다니.

정선읍내에서 삼척 방향으로 40여 분 달려 도착한 백전리는 작은 하천 하나를 사이에 두고 삼척시 하장면 한소리와 맞닿아 있다. 하천을 따라 길게 이어지는 길의 한쪽은 백전리, 다른 한쪽은 한소리다. 그 길을 따라 계속 올라가다 보면 물레방아와 물레방앗간이 나타나는데, 눈여겨보지 않으면 그저 시골집인가 하고 지나치기 쉽다. 백전리의 물레방아는 다른 문화재들처럼 울타리에 갇혀 있지 않고 산촌마을 속에 오롯이 들어 있다. 물레방아 뒤편으로는 하얀 가르마 같은 오르막길을 사이에 두고 가파른 비탈밭과 집들이 이어져 있다.

+

수로에서 떨어진 물이 물레를 돌리면 물레 가운데 끼워진 굴대가 움직이면서
방앗간에 있는 방앗공이를 들어올려 곡식을 찧는다.
100년 된 물레방아에는 푸른 이끼가 수초처럼 자라 있다.

물레방아가 있는 풍경 앞에 서자 시간이 멈춘 듯 사방이 적요하다. 사람 하나 없는 골짜기엔 콸콸거리는 물소리만 쩌렁쩌렁 울릴 뿐. 길가에서 물레방아가 있는 쪽으로 나무다리를 건너가니 마치 오래된 과거 속으로 걸어 들어

옛 모습을 그대로 간직한 물레방아와 물레방앗간이 산촌마을 속에 오롯이 들어 있다.

가는 듯한 느낌이 든다. 크고 작은 돌로 반듯하게 쌓은 석축, 그 위에 나란히 세워진 물레방아와 물레방앗간의 모습은 한 장의 빛바랜 풍경사진이다. 얼마나 오랜 세월을 돌고 돌았는지 물레에는 푸른 이끼가 수초처럼 자라 있다.

+

백전리와 한소리 사이를 흐르는 하천과 물레방아로 흐르는 작은 수로가 한눈에 보인다.
하천의 물길을 조금만 돌리면 쉽게 물레방아를 만들 수 있어
이 일대에는 물레방아가 많았다고 한다.

시간이 멈춘 듯한 풍경 속에서 흐르는 물은 물레방아를 돌리고 또 돌린다. 그러나 물레는 끊임없이 돌아가지만 방아 소리는 들리지 않는다. 문화재 지정 이후 훼손을 막기 위해 물레 부분과 연결된 방앗공이를 빼놓은 듯한데, 자세히 보니 방아채도 부러져 있다. 차라리 예전처럼 물레를 돌려 방아를 찧는다면 어떨까? 사람이 살아야 집이 망가지지 않는다는 옛말이 틀린 말은 아닌 듯하다.

두 마을이 함께 쓰며 방아계도 만들어

백전리 물레방아가 만들어진 것은 100여 년 전인 1890년대로 추정된다. 백전리와 한소리의 주민들이 방아계를 조직해 만들었다고 한다. 이 일대에는 모두 6기의 물레방아가 있었다는데, 마을 사이에 하천이 흘러 물길을 조금만 돌리면 손쉽게 물레방아를 만들 수 있었기 때문이란다.

물레방아와 이어진 수로를 따라 50m쯤 올라가면 하천의 물길을 물레방아 쪽으로 돌리기 위해 나무판으로 보를 막아둔 모습이 보인다. 풍부한 물을 이용하고자 한 조상들의 지혜가 엿보이는 구조다.

물레의 지름은 250㎝, 폭은 67㎝, 물이 잠시 고였다 떨어지는 구유는 56개다. 방앗간 안으로 들어가자 9.9㎡(3평) 정도 되는 바닥에 두 개의 우묵한 방아확이 있고, 공중에는 두 개의 방앗공이가 매달려 있다. 두 개의 방앗공이를 엇바꿔가며 찧는 쌍방아로, 수로에서 떨어진 물이 물레를 돌리면 굴대(물레 가운데 끼운 축)에 꿴 넓적한 방아틀(눌림대)이 방아채 끝을 누른다. 그러면 방아채와 연결된 방앗공이가 높이 들렸다가 떨어지면서 확에 담긴 곡식을 찧는다.

재미있는 것은 물레방아가 있는 곳은 백전리인데, 과거 물레방아의 주인은 하천 건너에 살던 한소리 주민이었다는 사실이다. 지금도 그 자리에 살고 있는 성순옥 씨는 이렇게 기억한다.

"시할아버지의 할아버지가 마을 주민들과 함께 물레방아를 만들고 방앗간도 지었다고 해요. 시집올 때만 해도 방앗간은 통나무집이었는데 태풍에 망가져 1992년에 새로 지었지요."

방앗간은 전형적인 산간마을 가옥 형태다. 나무판으로 벽체를 잇고, 대마의 속대인 저릅('겨릅'의 강원도 사투리)을 엮어 지붕을 이었다. 과거 마을에서 삼베농사를 많이 지었기에 대마를 이용했다고 한다. 짚 대신 저릅으로 이엉을 이은 저릅집은 정선과 삼척의 민가에 많았는데, 저릅이 단열재 역할을 해 겨울에는 따뜻하고 여름에는 시원하다.

골짜기 울리던 방아 소리는 어디로

방앗간 안으로 들어서자 어두컴컴한 공간에 물소리만 더 크게 들린다. 무슨 짓(?)을 해도 모를 것만 같은 이 방앗간에서 마을 주민들은 무얼 했을까? 이효석의 소설 〈메밀꽃 필 무렵〉에서 허 생원이 성 서방네 처녀와 물레방앗간에서 하룻밤을 보낸 이야기가 떠올라 물어보니 여든이 넘은 한소리의 김순녀 씨가 손사래를 친다.

"남자들은 방앗간에 들어오지도 못했어. 여자들은 방아 찧느라 놀 시간도 없었고. 겨울에 물이 얼면 물레방아를 돌릴 수가 없잖아? 그러니 가을에 곡식을 수확하고 난 다음이 제일 바빴지. 식구가 많은 집은 사나흘씩 밤낮으로 찧었고 서

물레방앗간 내부에는 곡식을 넣는 방아확과 곡식을 찧는 방앗공이가 있다.
두 개의 방아확과 방앗공이가 있는 쌍방아가 이채롭다.

로 먼저 하려고 야단이었다니까. 방아를 찧는 동안 여자들은 방앗간에서 밥도 해 먹고 수다도 떨면서 재미가 있었지."

송재근 백전리 노인회장도 방앗간이 북적이던 시절에 대해 이렇게 이야기 한다.

"방앗간을 관리하는 방아계가 있었어. 계원들은 1년에 메밀이나 옥수수를 한 가마씩 냈고, 계원이 아닌 사람들은 메밀 한 말을 찧으면 20~30원씩 냈지. 계꾼들은 그 돈으로 방앗간 수리도 하고 감시도 했지."

대마의 속대로 지붕을 덮은 물레방앗간은 다른 곳에서는 보기 힘든 형태다.

백전리 물레방아는 이웃 마을에도 알려져 30~40리 밖에서까지 화전민들이 보리·메밀 등을 빻기 위해 찾아왔다고 한다. 그 명성이 오늘에까지 이어진 걸까. 백전리 물레방아는 현재 독일에 있는 물레방아공원에도 재현돼 있다고 한다.

그러나 밤낮으로 쉴 새 없이 물레방아가 돌아가던 그 시절을 기억하는 이는 이제 허리 굽은 촌로들뿐이다. 마을을 들썩이고 골짜기를 울렸을 흥겨운 방아 소리가 그리워진다.

정선에서 만난 다양한 방아들

정선에서는 다양한 방아와 함께 물레방아의 변천 과정도 볼 수 있다.

여러 종류의 방아를 만날 수 있는 곳은 정선읍에 위치한 '아라리촌'. 정선지역의 전통문화를 체험할 수 있는 아라리촌에는 귀틀집·너와집·저릅집 등 전통가옥과 함께 물레방아·통방아·연자방아 등이 재현돼 있다.

통방아는 '물방아' 또는 '벼락방아'라고도 한다. 긴 통나무의 한쪽을 파내어 만든 물받이에 물이 차 쏟아지면 그 무게로 반대쪽의 공이가 들렸다 내려가면서 확 속의 곡식을 찧는 방식이다. 통방아에는 고깔 모양의 움집 형태로 방앗간을 지었고, 주로 참나무 껍질인 굴피를 썼다. 강원도는 깊은 산골에 협곡이 많아 좁은 공간에 움집 형태로 방앗간을 많이 지었다. 예스러운 움집이 남아 있는 삼척 대이리의 통방아(국가민속문화재 제222호)가 유명하다.

연자방아는 둥근 돌판 위에 그보다 작고 둥근 돌을 세로로 세운 형태다. 소나 말이 방아를 끌면 윗돌과 아랫돌이 부딪치면서 곡식을 찧는다.

아라리촌의 통방아

변상근 강원도문화관광해설사는 "강원도는 산이 높고 골이 깊어 물을 이용하기 좋은 지역으로 이런 천연자원 덕분에 물레방아나 통방아를 하루 종일 이용할 수 있었다" 면서 "집에서 조금씩 빻을 때는 디딜방아를 썼고, 물레방아와 통방아, 연자방아는 주로 마을 단위로 이용했다"고 설명했다.

남면 유평리 잔달미마을에도 독특한 물레방아가 있다. 물레방아에 정미기계가 벨트로 연결된 '신풍정미소'가 옛 모습 그대로 남아 있는 것이다. 1940년대부터 1989년까지 운영된 신풍정미소에는 원동기·현미

아라리촌의 연자방아

신풍정미소 외관

신풍정미소 내부

기·정맥기 등 정미기계들도 보존돼 있다. 이 정미소는 과거 전통 방앗간이 정미소로 변하는 과정에서 물레방아를 동력으로 이용했던 모습을 보여준다.

30여 년간 신풍정미소를 운영한 허원강 씨는 "물레방아와 함께 겨울엔 발동기로 정미기를 돌렸는데, 물레방아의 힘이 발동기 못지않았다"며 "전기가 들어온 뒤에도 전기요금이 들지 않는 물레방아를 많이 이용했다"고 회상했다.

+

정미소는 '쌀 찧는 일을 전문적으로 하는 곳'이다.
그러나 사전 속의 정미소에는
시대적인 의미가 빠져 있다.
정미소는 방아로 쌀을 찧던 시대와
자동화된 기계로 쌀을 찧는 시대 사이에 놓인 추억의 공간이다.
풍년이 즐거웠던 시절을 기억하는 정미소는
이제 먼지만 뒤집어쓴 채 위태롭게 서 있다.
그 위태로운 시간 속에서
아직도 덜덜거리며 돌아가는 정미소가 있다.
경북 영천시 화산면 가상리에 있는 '가상정미소'다.

덜덜거리며
세월과 추억을 찧다

'숨 가쁘게 달려왔으나 결국 실패하고 만 늙은 혁명가.'

안도현 시인은 '정미소가 있는 풍경'이라는 시에서 정미소를 이렇게 표현했다. 정미소의 기계들이 숨 가쁘게 돌아가던 시절엔 시인의 말처럼 들녘의 모든 길들은 정미소로 이어졌다. '멍석만 한 크기로 날아오르던 참새 떼와 앞마당에 넘치던 나락 냄새'까지 풍요롭던 그때, 정미소는 마을의 중심이자 마을 주민들의 사랑방이었다.

방아로 쌀을 찧다가 동력을 이용한 정미소가 처음 등장한 것은 1898년. 일제의 양곡 수탈이 심화되면서 마을마다 정미소가 생겨났고 1980년대엔 2만 개까지 늘었다고 한다. 그러다 대형 도정공장들과 미곡종합처리장(RPC)이 등장하면서 소규모 정미소들은 사라져갔다. 지금은 실패한 혁명가의 무거운 어깨처럼 육중한 기계를 아주 가끔 들썩거리는 쇠락한 정미소들이 간

+

낡은 나무벽에 함석지붕을 인 가상정미소는 예스러운 모습으로 사람들을 불러 모은다.
외벽 아래쪽에 새겨진 동그란 나이테 무늬는 마을미술 프로젝트를 통해 작가들이 입힌 것으로,
시간의 흔적을 의미한다.

간이 남아 있을 뿐이다. 그마저도 언제 기계를 멈출지, 언제 사라져버릴지 알 수 없다.

영천에 있는 가상정미소도 그런 곳 가운데 하나다. 그러나 다른 점이 있다면 언제 사라질지는 알 수 없지만 존재 자체로 관심을 받고 있다는 것이다. 마을미술 프로젝트를 통해 마을이 단장되면서 오래된 정미소의 가치가 세상에 드러났다.

"요새 누가 쌀을 찧으러 오겠능교. 여기 와도 기계 돌리는 거 보기는 힘들 깁니더."

비가 와서였을까. 추적추적 내리는 비를 맞으며 가상리에 도착하자, 전화기 속에서 이렇게 잘라 말하던 정미소 주인 박정재 씨가 정미소 앞에서 기다리고 있었다. "사다놓은 벼로 돌릴라카이 얼른 들어오이소" 하면서.

얇은 나무판을 얼기설기 잇댄 벽과 녹슨 함석지붕이 금방이라도 쓰러질 것 같은 정미소 안으로 들어갔다. 거무스름한 서까래와 갈라진 흙벽은 외관 못지않게 오래돼 보였다. 어두컴컴한 속에서 먼지를 뒤집어쓴 채 웅크리고 있는 낡은 기계들은 과연 움직이기나 할까.

"한번 돌리면 못 멈춥니더. 30분은 걸려요."

70여 년 세월이 흔들리며 벼가 쌀이 된다

박씨는 정미소 가운데 놓인 육중한 엔진 위로 올라가 시동을 걸었다. '덜덜 덜덜' 소리가 나는가 싶더니 이내 정미소 안의 모든 기계들이 한 몸이 되어 마치 어둠 속에서 거대한 괴물이 서서히 움직이듯 돌아가기 시작했다. 바닥에 부어놓은 나락들은 투입구의 좁은 틈으로 빨려들어가 나무로 된 기둥 모양의 승강기를 타고 쌩하니 올라갔다 내려오기를 반복했다. 승강기 사이에 있는 현미기·정미기·연마기·석발기를 차례로 통과하며 누런 나락에서 현미로, 현미에서 백미로 변해갔다.

벼가 쌀이 되려면 천지에 알리기라도 해야 하는 것일까. 나락들이 승강기와 기계들을 통과하는 동안 낡고 오래된 건물은 지붕부터 바닥까지 커다란 소음과 진동에 휩싸였다. 수십 년 소음과 진동을 견뎌낸 어두운 실내에는 뽀얀 먼지와 함께 고소한 쌀 냄새가 퍼졌다.

그런데 갑자기 천장 쪽에서 '툭' 하는 소리가 들리며 무언가가 떨어졌다. 둥근 바퀴에 감겨 엔진의 동력을 전달하는 피대(벨트)가 끊어진 것이다. 그러자 박씨는 얼른 시동을 끄고 날다람쥐처럼 기계를 타고 올라가 끊어진 피대를 수리해 다시 걸었다. "50년 넘게 했으니 도가 텄다"면서 박씨의 아내 최영희 씨도 피대 수리를 도왔다. 닳고 닳은 피대는 이렇게 종종 끊어져 2~3년에 한 번씩 갈아주는데, 기계를 많이 돌리던 과거엔 1년에 한 번씩 갈았다고 한다.

하루 100가마씩 찧던 기계엔 먼지만 켜켜이

가상정미소는 나이가 일흔이 넘었다. 박씨의 아버지가 이웃에게서 인수해 운영하다 박씨가 물려받은 지도 50년 가까이 됐다.

+
검게 변한 천장의 서까래와 녹슨 기계들이
70여 년 세월을 고스란히 보여준다.
기둥 모양의 승강기와 현미기·정미기·연마기 등을
통과하며 벼가 쌀이 된다.

ZIC

바닥에 부어놓은 나락들이 투입구의 좁은 틈 속으로 빨려들어가 승강기를 타고 이동한다.

"그때나 지금이나 다 똑같은데 지붕만 초가였다 아입니꺼. 30년쯤 전인가 초가지붕에 불이 붙어 그때 함석으로 바꼈니더. 엔진도 손으로 돌리는 발동기를 쓰다가 30년 전부터 트럭에 달려 있던 엔진을 쓰고 있는데, 아직도 잘 돌아갑니더."

그러나 정미소는 그대로인데 세상이 달라졌다. 사람들은 쌀을 찧으러 오지 않고, 쌀을 많이 먹지도 않는다. 대형 도정공장들이 들어선 데다 농가들은 집집마다 가정용 정미기를 갖고 있어 정미소를 찾지 않는다. 그러다 보니 1년 내내 돌아가던 기계는 이제 멈춰 있는 날이 더 많다.

"옛날엔 하루에 100가마씩 나락을 찧었어요. 보리도 찧고 밀도 빻고 밤낮으로 기계가 돌아갔다니까요. 6월에 보리 찧을 때면 사람들이 줄을 섰고, 정미소 옆 나무 밑에 앉아 술 마시면서 기다리고 그랬니더."

80kg 벼 한 가마를 찧으면 도정료로 쌀 두 되를 받았는데, 하루 종일 찧으면 쌀 일곱 가마를 벌었다. 요즘은 80kg 한 가마에 과거의 두 배인 쌀 넉 되를 받지만 쌀값이 싸서 남는 게 없단다. 그럼 지금은 하루에 얼마나 찧을까? "하루고 한 달이고 찧으러 오는 사람이 없다"는 게 박씨의 대답이다. 그렇다 보니 지금은 벼 100가마를 사다놓고 1년 동안 조금씩 도정해 팔고 있다.

현미로 도정해달라는 사람들이 많아진 것도 달라진 모습이다. "현미는

+

박정재 씨가 기계에서
도정돼 나온 쌀알을
살펴보고 있다.

+
오래전부터 정미소에 있던
녹슨 저울은 지금도
쌀의 무게를 재는 중요한
역할을 담당한다.

묵도(먹지도) 안 했다"는 박씨의 말처럼 과거엔 현미가 푸대접을 받았지만, 요즘은 건강을 생각해 현미를 찾는 사람들이 많단다.

정미소에 새겨진 나이테에서 시간의 의미를

요즘은 쌀을 찧으러 오는 사람보다 정미소를 구경하러 오는 사람들이 더 많다. 쉽게 보기 힘든 예스러운 모습에 예술가들의 손길이 더해졌기 때문이다. 2011년 가상리 일대에 마을미술 프로젝트가 진행되면서 작가들이 정미소 외벽에 시간의 흔적을 나타내는 나이테 무늬를 입혔다.

실패한 늙은 혁명가의 얼굴에 새겨진 나이테를 찬찬히 살펴본다. 둥근 나이테 속의 가는 선들이 무슨 이야기를 꺼내려는 듯하다. 비록 실패한 혁명가일지라도 그 존재만으로도 가치가 있다는 이야기를 하려는 것일까.

지붕 없는 미술관 '별별미술마을'

별자리가 그려진 농수로

가상정미소가 있는 가상리는 '지붕 없는 미술관'으로 유명하다. 외벽에 살짝 붓칠을 더한 정미소부터 채색을 새로 한 버스정류장, 밑그림부터 다시 그린 폐교까지 마을 전체가 하나의 거대한 미술관이다.

정미소와 우물, 정자 같은 전통적인 문화자원이 풍부한 마을에 예술이 더해진 것은 2011년 문화체육관광부의 마을미술 프로젝트에 선정되면서부터다. '신몽유도원도-다섯갈래 행복길'이라는 테마로 진행된 이 프로젝트를 통해 화산면 가상리·화산리, 화남면 귀호리 일대에 조각·그림·디자인·사진 작품 45점이 설치되며 '별별미술마을'이라는 예술마을이 탄생했다.

예술마을로서의 면모를 보여주는 대표적인 곳은 '시안미술관'과 '우리동네 박물관'이다. 한때 800명이 넘는 아이들이 다니다 폐교된 학교를 고풍스러운 유럽식 현대 건축물로 리모델링한 시안미술관에는 유명 작가들의 작품이 전시돼 있다. 또 머그컵·에코백 만들기 등의 체험 프로그램도 진행된다.

옛 마을회관 건물을 활용한 우리동네 박물관에서는 마을의 생생한 역사를 만날 수 있다. 주민들의 탄생과 성장, 학창 시절, 결혼과 회갑 등의 모습이 고스란히 담긴 사진들이 전시돼 있는가 하면 한쪽 벽면에는 주민들의 얼굴을 찍은 사진들이 빽빽하게 붙어 있어 눈길을 끈다.

또 마을에는 걷는길·바람길·스무골길·귀호마을길·도화원길이라는 5개의 길이 조성돼 골목골목 숨어 있는 작품들을 찾아보며 걷기 좋다. 어르신들의 손 모양이 찍힌 경로당의 벽, 관람객들의 소망을 적어 보관하는 옛 우물터, 별자리가 그려진 농수로 등 마을의 자원을 활용한 작품들은 재미와 함께 따뜻한 이야기를 전해준다.

우리동네 박물관

+

세상은 반듯해졌다.
뭐든 똑같이 찍어내는 기계가 점령한 시대.
농촌의 들판도 마찬가지다.
반듯반듯 구획을 나눈 들판엔 기계들이 들어섰다.
그러나 아무리 기계가 반듯하게 키우려 해도
들판의 생명은 반듯하게 자라지 않는다.
저마다 다른 결을 지닌 생명을 키우는 데 필요한 것은 농부의 손길.
세월이 변해도 농부에게는 손에 맞게 벼린 농기구가 필요하다.
뭐든 기계로 똑같이 찍어내는 시대에
아직도 망치질을 하는 대장간이 남아 있는 이유다.

농부 마음 사로잡는 망치질 소리

조선시대 단원 김홍도가 그린 풍속화 중에는 대장간의 모습을 그린 그림 〈대장간〉이 있다. 커다란 화덕 옆에서 대장장이들이 풀무질과 망치질을 하는 모습은 분주하고 흥겨워 보인다.

철기시대까지 거슬러가지 않더라도 이처럼 대장간은 오래전부터 우리 역사의 한자리를 차지해왔으며, 1960~1970년대까지는 마을이나 시장마다 있었다. 그러나 농기계가 등장하고 농기구가 대량 생산되면서 대장간은 사라졌고, 농부의 손에 맞게 벼리던 낫과 호미도 모두 똑같은 모양이 되었다.

충남 홍성군 홍성읍에 있는 홍성대장간은 100여 년간 명맥을 이어온 곳이다. 홍성읍내의 홍성전통시장에는 과거 대장간이 네 군데나 있었다. 그러나 지금은 모두 문을 닫고 홍성대장간 하나만 남았다. 귀해진 만큼 대접을 받는 것인지, 홍성대장간은 이제 시장의 명물이 됐다.

쇠 늘어나는 재미에 100여 년간 이어온 대장간

망치질 소리를 따라가는데, 어째 소리가 이상하다. '땅땅'이 아니라 '떵꺽'으로 들린다. 가까이 다가갈수록 명쾌해지는 소리, 떵꺽 떵꺽 떵꺽…….

홍성전통시장 골목 모퉁이에 있는 홍성대장간에 이르자, 미닫이문 안쪽에서 망치질이 한창이다. 손놀림을 가만히 보고 있자니 경쾌하면서 리듬감 있는 소리의 정체를 알겠다. 벌겋게 달궈진 쇠를 망치로 '떵' 하고 세게 치고는 힘을 조절하려는 듯 쇠가 놓인 모루를 '꺽' 하고 슬쩍 치는 것이다.

"힘이 아니라 요령으로 하는 겨. 쇠가 쭉쭉 늘어나니 얼마나 재밌는지 몰러."

칠십 평생을 두들겼는데 아직도 그렇게 재미있을까. 대장장이 모무회 씨는 '쭉쭉'이라는 단어를 입에 '짝짝' 달라붙게 내뱉으며 신나게 쇠를 두들긴다. 칠십의 나이에도 망치질이 거침없는 그에겐 거창한 장인정신 따윈 어울리지 않아 보인다. 쭉쭉 늘어나는 쇠가 그를 평생 대장간에 붙들어둔 것일 뿐.

모씨는 대장간을 하던 아버지에게 어릴 때부터 대장일을 배웠다. 아버지가 돌아가신 뒤에는 아내 강복자 씨와 함께 쇠를 잡고 망치를 쳤다. 몇 년 전부터는 서울에서 살다 내려온 큰아들도 일을 거들고 있다. 3대째 100여 년간 가업을 잇고 있는 모씨는 2009년 충남도 무형문화재 '대장장(匠)'이 됐다.

"그땐 꼬부려만 놓으면 사갔지."

모씨의 기억 속에는 김홍도의 풍속화에 나오는 그런 대장간이 있다. 장날이면 대장간에 사람들이 북적대며 흥이 넘쳐나던. '호미 날달이'는 그 시절을 대표하는 말이다.

+

3대째 100여 년간 이어져온 홍성대장간이 홍성전통시장 한편에 정겹게 서 있다.
낡은 미닫이문이 예스러운 분위기를 자아낸다.

대장간 안에는 크고 작은 쇠와 나무들이 곳곳에 쌓여 있다.
쓸모를 알 수 없는 쇠와 나무들은 대장장의 손을 거쳐 낫이 되고 호미가 된다.

"지금은 호미를 쓰다가 망가지면 버리잖아. 옛날엔 날이 닳거나 부러지면 쇠를 붙여서 계속 썼는데, 그걸 호미 날달이라 했어. 날을 녹여 말랑말랑하게 물러지면 끄트머리에 쇠를 덧붙여 메질을 하는 거지. 그땐 그렇게 날달이를 계속 해가면서 호미 한 자루로 논을 다 맸다니까."

그땐 장날이면 해 질 무렵까지 대장간 앞에 사람 대신 호미가 '나래비(줄)'를 섰다. 하루에 100개 넘게 호미를 만들었고, 하루 종일 만들어도 저녁이면 남는 게 없었다.

지금이야 농기구를 주로 만들지만 예전엔 생활에 필요한 쇠붙이는 모두 만들었다. 한옥에 쓰는 문고리며 돌쩌귀 같은 자재도 주된 품목. 명절이나 잔치 땐 한 집에서 칼을 열 자루씩 사가곤 했다.

호미가 줄 서던 시절엔 손이 터져도 재미나

그렇게 수요가 많다 보니 쇠나 탄을 구하는 것이 일이었다. 선박에 쓰이던 철이나 군부대의 철조망을 얻어 오기도 하고, 기차에서 때고 남은 조개탄을 가져오기도 했다. 또 풀무를 돌려 화덕에 불을 때고 맨손으로 작업하다 보니 손은 늘 쩍쩍 터졌다.

"지금처럼 장갑이나 보안경 같은 게 어딨어. 늘 맨손으로 쇠를 만지니 살이 터지고 못이 백였지. 그래도 한번도 다른 일은 생각해본 적이 없다니까. 보람은 무슨. 배운 게 이거밖에 없으니 천직이 된 거지. 사람들이 내가 만든 걸 쓰면서 좋다고 하면 내가 쓰임새가 있구나 하는 생각이 든다니까."

+
다른 어떤 철물점에서도 살 수 없는 수제 호미들이 농부를 기다리고 있다.

모무회 대장장이 달궈진 쇠를 구부려 모양을 만들고 있다.

모씨는 이렇게 말하며 상처투성이인 손을 보여줬다. 볼에도 불이 튀어 흉터가 생겼는데, 그땐 약을 바르지도 못하고 육간(푸줏간)에서 고기 기름을 바르며 참았다. 또 허구한 날 탄을 때니 폐도 좋지 않았다. 그래도 먹고살기는 지금보다 낫지 않았을까. '대장장이는 쇠 늘어나듯 재산이 늘어난다'는 옛말을 떠올리며 묻자, 모씨는 "굶지 않을 정도는 됐다"며 웃는다.

대장간의 화덕 속으로 들어가면 단단한 쇠도 부드럽게 녹으며 마법에 걸린다.

지금도 농부의 손에 맞게 벼려주고 갈아주는 곳

대장간 안에는 크고 작은 쇠와 나무들이 벽과 천장에 가득하다. 대장간은 가운데 문을 사이에 두고 연장을 만드는 공간과 물건을 파는 공간으로 나뉜다. 연장을 만드는 곳엔 화덕과 함께 기계망치·전기숫돌 같은 현대식 기계들이 놓여 있다. 과거엔 모든 작업을 손으로 했지만 요즘은 기계의 도움을 일부 받는다. 물건을 파는 공간에는 모씨가 만든 농기구와 연장들이 칸칸이 진열돼 있다.

"계절마다 사람들이 찾는 게 달라요. 봄부터 가을까지는 호미 종류가 많이 나가고, 겨울에는 나무를 쪼개는 도끼나 약초 캐는 호구 같은 게 잘 팔려요. 홍성에서는 냉이를 많이 재배해 냉이호미도 많이 찾죠. 서해안이라 굴을 까는 조새나 바지락호미, 홍합갈고리도 있어요."

모무회 대장장이 아내와 함께 쇠를 두드리고 있다.
집게로 쇠를 잡아주면 망치로 두드리는 부부의 궁합은 그야말로 찰떡이다.

판매를 주로 담당하는 아내 강복자 씨의 얘기다. 원하는 모양대로 만들어달라는 사람도 있는데, 신기한 건 손님이 원하는 대로 여러 개 만들어두면 다른 사람들도 사간단다. '공장제'와 다른 '수제'의 장점이랄까. 홍성군 장곡면에 사는 40년 단골 정금철 씨는 이렇게 말한다.

"아무리 기계를 써도 농사를 지으려면 호미나 낫, 괭이 같은 건 필요하잖아요. 철물점에서 중국산을 싸게 팔지만 금방 부러지고 팔이 아파 못 써요. 원하는 대로 만들어주고 튼튼하니 여기만 오죠. 옛날엔 이 시장에만 대장간이 네 군데나 있었는데 이젠 여기밖에 안 남았어요."

과거와 달리 요즘 잘 팔리는 게 있다면 '레저용' 도구들이다. 더러 캠핑 때 쓰는 손도끼나 말뚝, 낚시에 필요한 칼을 찾는 사람들이 있다고. 또 '소장용(?)' 상품도 있다.

"한번은 삼대 독자라는 할아버지가 도끼를 차고 다니면 아들을 낳는다며 작은 도끼를 만들어달라기에 해줬더니 진짜 손자를 보셨더라구요. 그래서 찹쌀 한 말을 얻어먹었죠."

망치질 소리 그치지 않는 시장의 명물

아침부터 시작된 망치질 소리는 오후까지 이어진다. 쓸모를 알 수 없던 쇳덩이들은 화덕에서 벌겋게 달아올랐다가 하루 종일 계속되는 망치질에 도끼나 괭이, 보습으로 날을 세우며 다시 태어난다.

대장간에는 날마다 흠씬 두들겨 맞으면서도 경쾌한 소리를 내는 대장장

+

쇠를 두드릴 때 받침대로 쓰는 모루는 대장장이의 단짝이다.
쇠를 구부리거나 구멍을 내는 용도로도 사용한다. 모무회 대장장의 단짝인 이 모루는
홍성전통시장의 보물로 지정됐다.

+

이의 단짝이 있다. 달궈진 쇠를 두드릴 때 받침대 역할을 하는 모루다. 한쪽이 뾰족해 배처럼 생긴 모루는 쇠를 구부리거나 구멍을 내는 등 모양을 만드는 데 요긴하다. 모씨와 평생을 함께해온 모루는 홍성전통시장이 정한 보물 2호로, 예전에 쌀을 몇 가마씩 주고 구입했다고 한다.

벌건 쇳덩이가 모루 위에서 망치 세례를 받으며 '쭉쭉' 늘어난다. 쇠가 아니라 쫀득쫀득한 떡 같다. 아내가 집게로 쇠를 잡아주면 남편이 망치로 때리는 대장장이 부부의 궁합도 찰떡이다. "망치질 소리가 나야 손님이 온다"는 돌아가신 아버지의 말이 귓가에 맴돌기라도 하는 듯 부부는 때리고 또 때린다. 떵꺽 떵꺽 떵꺽!

홍성전통시장에서 열 가지 보물 찾기

보물 6호 뽕뽕다리

1943년 문을 연 홍성전통시장에는 대장간의 모루를 비롯해 열 가지 보물이 있다. 보물이라고 해서 '삐까번쩍한' 물건들이 아니다. 어느 시장에나 있을 법한 옛이야기가 담긴 낡고 오래된 것들이 이곳에선 보물로 대접받고 있다. 2011년 '문전성시(문화를 통한 전통시장 활성화 시범사업)' 프로젝트의 하나로 장터에 열 가지 보물이 지정됐다.

철물골목에 가면 100년이 넘은 보물 '돈궤(10호)'를 볼 수 있다. 대승철물 이영춘 씨의 친정아버지 때부터 쓰던 것으로, 장날이면 지금도 돈궤에 돈을 담는다. 요즘이야 전자금고 같은 걸 쓰지만 예전엔 나무로 만든 이런 돈궤에 돈을 넣었다. 손때가 묻어 반질반질한 나무와 군데군데 수리한 흔적은 오랜 세월을 그대로 보여준다.

홍성장의사의 '꽃상여(8호)'도 요즘은 보기 힘든 보물이다. 30년 넘게 꽃상여를 만들어 온 염경순 씨는 "옛날에는 천에 물을 들여 꽃을 만들었는데, 요즘은 색색의 종이로 꽃을 접어 붙인다"며 "지금도 꽃상여를 찾는 사람이 간간이 있다"고 전했다. 꽃상여와 함께 장례에 쓰이던 금종식품의 '부의함(3호)'도 보물 중 하나다.

철물골목 옆 싸전의 관성상회 외벽에는 '되와 말(9호)'이 전시돼 있다. 송성근 사장의 선대부터 써온 70년 이상 된 되와 말은 과거 싸전의 소중한 도구였다.

관광객들의 호기심을 자극하는 독특한 보물도 있다. 바로 '보신알(4호)'이다. 흔히 '곤달걀' '곤계란'으로 불리는 보신알은 병아리가 부화되지 못하고 죽은 달걀을 말한다. 먹

보물 10호 돈궤

보물 8호 꽃상여

을 것이 부족하던 시절엔 신경통과 노화방지, 정력에 좋다고 알려져 서민들이 영양식으로 즐겼다.

보신알은 '생긴 것(병아리 형태가 보이는 것)'과 '안 생긴 것(노른자와 흰자가 섞인 것)'으로 판다. 아궁이와 가마솥에서 전통 방식으로 달걀을 삶는 모습과 예스러운 가게의 풍경도 볼거리다. 시어머니에 이어 40년째 보신알을 팔고 있는 김금자 씨는 "장날이면 줄을 서서 먹을 정도"라며 "보기엔 좀 그렇지만 '생긴 것'을 더 많이 찾는다"고 말했다.

또 재미있는 보물 중 하나는 시장 옆 홍성천에 있는 '뽕뽕다리(6호)'다. 과거 공사장에서 쓰이던 안전발판으로 만든 다리로, 동그란 구멍이 '뽕뽕' 뚫려 있어 뽕뽕다리라 불린다. 구멍 사이로 하천이 내려다보이는 다리는 건너는 묘미가 있다.

이 밖에도 홍성의 역사가 담긴 '홍성천 벽화(7호)'와 주민들이 소원을 비는 '대교리 석불입상(1호)', 홍주천막사의 '재봉틀(5호)'도 소중한 보물이다. 홍성전통시장은 1·6일에 장이 선다.

과거엔 마을마다 양조장이 있었다.
그곳에선 농사일에 지친 몸을 달래고 기쁨과 슬픔을 나누던
술이 익어가고 있었다.
주전자 가득 술을 받아 돌아올 때면 몸과 함께 마음도 출렁거렸다.
정성 들여 키운 곡식으로 담근 술은
그렇게 밥이 되고 힘이 되고 흥이 되었다.
90년 가까이 제자리를 지켜온 충북 진천의 덕산양조장은
몇 남지 않은 옛날 양조장 가운데 하나다.
양조장 건물의 전형을 보여주며 지금도 술을 빚는 덕산양조장에서
그 시절 그리운 이야기를 만나본다.

근대 건축에 스며든 그윽한 옛 향기

'고색창연(古色蒼然)'.

덕산양조장을 처음 본 순간 떠오른 단어다. 거무스름한 나무벽에 함석으로 씌운 합각지붕, 녹슨 철창이 달린 오르내리창은 시간을 금세 100년 전으로 돌려놓았다. 별다른 기대 없이 무방비 상태에서 맞닥뜨린 까닭일까. 진천군 덕산면 용몽리 대로변에서 만난 오래된 목조건물은 주변 건물들과는 전혀 다른 고색창연한 모습으로 강렬한 첫인상을 남겼다.

'덕산양조장'이라는 나무간판과 '대한민국 근대문화유산'이라는 작은 현판이 훈장처럼 걸린 건물의 나무문을 열고 안으로 들어서자, 시큼하면서 구수한 냄새가 콧속으로 밀려들었다. 세월의 더께가 내려앉은 과거의 건물 속에서 현재의 술이 익어가고 있는 것이다.

+

1930년에 지어진 덕산양조장의 검은 나무벽과 합각지붕이 고풍스럽다.
건립 당시 심어진 향나무와 측백나무도 예스러운 분위기를 더한다.
향나무와 측백나무는 특유의 향으로 유해균의 번식을 막아준다.

"이 나무를 보세요. 아직도 끄떡없어요."

이방희 덕산양조 대표가 기둥과 천장의 목재를 가리키며 말했다. 밖에서 보면 2층처럼 보이는 높은 천장에는 단단한 목재들이 복잡하게 트러스를 이루고 있다. 이 건물에 쓰인 목재는 백두산의 전나무와 삼나무로, 압록강 제재소에서 다듬은 뒤 수로를 이용해 2개월 동안 운반해왔다고 한다. 추운 지역에서 자란 나무라 치밀하고 단단해 지금까지도 망가지지 않았다고.

백두산 나무로 지은 건물, 술의 역사를 품다

천장 마룻대의 상량문에는 '소화 5년'(1930년)이라는 건립 연도가 적혀 있다. 양조장을 세우고 처음 탁주와 약주를 빚은 이는 1대 창업주인 이장범 사장이다. 당시 성조운이라는 목수가 건물을 지었다고 한다. 그러다 1961년 아들인 2대 이재철 사장이 물려받았고, 1998년엔 3대 이규행 사장이 대를 이었다.

양조장 천장 마룻대의 상량문에는 '소화 5년'이라는 건립 연도가 적혀 있다.

3대에 걸쳐 전통을 지키며 술을 빚어온 것이다.

그러나 우여곡절도 많았다. 한국전쟁 때 군인들이 양조장을 소각하려 하자 이장범 사장이 그때 돈 45원과 장작 두 트럭, 소 한 마리를 주고 설득했다고 한다. 또 1970년대 이후 탁주가 사양길로 접어들면서 진천지역 탁주회사의 통합으로 덕산양조장은 1990년부터 10년간 폐쇄되기도 했다. 그러다 3대 이규행 사장이 다시 이곳에서 탁주와 약주를 생산하기 시작했고, 막걸리 붐과 함께 전성기를 맞았다. 그러나 2014년 또 한 차례 경영위기가 닥치면서 2015년부터는 전문경영인 체제로 이방희 대표가 맡아 새로운 활로를 모색하고 있다.

"여기 어르신들에게 먼저 인사하세요. 이 항아리들이 나이가 더 많을걸요?"

이방희 대표가 전시실에 진열된 항아리들을 가리키며 말했다. 커다란 술

출입구 옆 전시실에 진열된 항아리들은 수십 년간 양조장과 함께해온 보물이다.

+
전시실에 걸린 찌그러진 술주전자와 허영만 화백의
만화 〈식객〉에 등장한 주전자 그림이 재미있다.
덕산양조장은 만화와 드라마의 배경으로도 유명하다.

독 하나에는 '탁사 제3호 370ℓ 1963.9'라는 글이 흰색 페인트로 적혀 있다. 1960~1970년대 밀주 단속을 위해 표시한 것이라니, 술독은 그보다도 더 전에 만들어졌다는 얘기다.

말통부터 주전자까지 옛이야기가 술술~

고색이 완연한 외관과 달리 양조장 내부에는 과거와 현재가 공존하고 있다. 출입구 왼쪽의 전시실은 과거의 모습을 재구성해놓은 곳. 사실 얼마 전까지만 해도 양조장 내부는 거의 예전 그대로였는데, 몇 년 전 문화재청의 복원 공사로 새롭게 단장됐다. 양조과정에서 나오는 수분으로 인해 상한 내벽과 천장을 복원하고 전시공간을 만든 것이다.

전시실에는 양조장의 오랜 역사를 보여주는 물건들이 놓여 있다. 하얀 플라스틱 말통과 깔때기, 술을 거르는 체, 간이 증류기 등 술과 관련된 도구들은 양조장의 추억을 떠올리게 한다.

돈을 받고 술을 내주던 출입구의 모습도 옛날 그대로다. 격자로 된 미닫이창과 '출입구'라는 오래된 글씨가 정겹기만 하다.

벽에는 농촌드라마 〈대추나무 사랑 걸렸네〉의 촬영지임을 알려주는 대본과 허영만 화백의 만화 〈식객〉도 걸려 있다. 이 양조장이 배경이 된 〈식객〉 100화 '할아버지의 금고' 편에는 양조장을 지키는 가족의 이야기가 생생하게 그려져 있다. 허영만 화백의 친필 방명록도 눈길을 끈다.

"아직 이렇게 묵은 양조장이 있었다니요. 오랜 친구를 만난 기분입니다. 좋은 술 빚어주십시오."

벽과 천장 속 왕겨가 온도와 습도 조절

전시실이 과거의 모습을 재현한 공간이라면 술을 만드는 발효실과 종국실은 과거의 모습이 그대로 남아 있는 곳이다. 복원공사 전까지는 양조장에서 모든 작업을 했지만, 지금은 균을 배양하고 발효하는 작업만 이 건물에서 한다. 목재가 상하는 것을 막기 위해 목조건물 뒤편에 현대식 건물을 새로 지은 것이다.

"오랫동안 술을 빚어온 목조건물에는 야생 효모균들이 서식하고 있어요. 다른 양조장처럼 별도의 효모를 넣지 않아도 배양이 잘됩니다. 덕산막걸리만의 술맛도 여기에서 나오는 거라고 할 수 있죠. 야생 효모는 전통의 맛을 지키는 씨간장과 비슷해요. 그래서 술을 빚는 중요한 작업은 예전처럼 이곳에서 하고, 포장 같은 작업만 뒤쪽 건물에서 해요."

+

옛 모습 그대로인 발효실 천장에는 왕겨가 푹신하게 깔려 있다.
왕겨는 양조장의 온도와 습도를 조절해준다. 흙으로 쌓은 벽체의 구조를 보여주는 전시 공간도 있다.

+

높은 천장에 거뭇한 나무들이 복잡하게 트러스를 이룬 덕산양조장 내부는 양조장 건물의 전형을 보여준다.

양조장 건물은 술을 빚기에 알맞도록 과학적으로 설계됐다. 술을 만들 때 발생하는 열을 배출하기 위해 천장을 높이고 천장에 고측창과 환기구를 달았다. 양조장의 통풍을 돕는 것이 또 있다. 정문 앞에 늘어선 10여 그루의 측백나무와 향나무다. 건립 당시부터 심어진 이 나무들은 여름의 뜨거운 열기를 막는 것은 물론 특유의 향으로 유해균의 번식을 막아준다. 나무의 진액이 바람을 타고 건물 외벽에 붙어 해충을 쫓고 목재가 썩지 않도록 한다.

더 놀라운 것은 벽체와 천장에 들어 있는 왕겨다. 술을 빚을 땐 온도와 습도가 중요한데, 90㎝의 두꺼운 황토벽 속에 든 왕겨가 온도와 습도를 조절해준다. 또 발효실과 종국실 천장에도 푹신한 이불처럼 왕겨가 60~70㎝ 두께로 깔려 있다. 2대 이재철 사장은 한국전쟁 때 이 왕겨 속에 숨어 목숨을 구했다고 한다.

"왕겨는 섬유질이라 습할 땐 습기를 빨아들이고 건조할 땐 습기를 내놓으며 습도를 조절해줍니다. 또 왕겨엔 한국 사람에게 맞는 야생 효모균이 살아 있는 것 같아요. 2005년 문화재청에서 보수공사를 할 때 천장을 뜯어보니 왕겨가 하나도 썩지 않고 들어 있어 그대로 놔뒀죠. 왕겨는 양조장의 소중한 보물입니다."

이렇듯 근대 양조장의 독특한 형태와 전통 양조기법을 이어온 덕산양조장은 2003년 양조장으로서는 최초로 등록문화재(제58호)로 지정됐다.

추억 떠올리며 술맛에 빠질 수 있는 공간으로

'생거진천(生居鎭川)'이라 했던가. 예로부터 평야가 넓고 쌀이 많이 나는 진천은 '가히 살 만한 곳'이라 불렸다. 지금도 진천쌀은 질이 좋기로 유명하다.

그 쌀로 만든 술맛은 어떨까?

진천쌀에다 지하 150m의 암반수로 빚은 술은 빛깔이 곱고 부드러워 목구멍으로 술술 넘어간다. 덕산양조장에서 만든 술로는 덕산막걸리·덕산약주·덕산재래주·천년주가 있다. 특히 감미료를 넣지 않고 저온살균한 덕산막걸리는 풍미가 그만이다.

전통을 지키는 일은 어렵다. 전통을 지키기가 쉽지 않은 이유는 형식과 내용을 모두 잇는 일이 어렵기 때문인데, 덕산양조장은 그 어려운 두 가지를 모두 해내고 있다. 전통건물에서 전통방식으로 술을 빚고 있는 것이다. 이런 전통을 언제까지 이어갈 수 있을까.

전시실에는 술과 관련된 옛 도구들이 전시돼 있다.
하얀색 플라스틱 말통과 쇠로 된 깔때기가 추억을 떠올리게 한다.

+
이방희 대표가
배양한 입국을 담고 있다.
덕산양조장에서는 지금도
전통방식으로 술을 빚는다.

"전통과 현대가 공존하는 속에서 100년, 200년 이어가는 술도가를 만들고 싶어요. 누구든 추억을 떠올리며 술맛에 빠질 수 있는 공간이라면 오래도록 자리를 지킬 수 있지 않을까요?"

근대문화유산이 된 옛 양조장들

덕산양조장 못지않은 역사를 지닌 양조장들이 아직도 몇 군데 남아 있다. 덕산양조장처럼 역사적·문화적 가치를 인정받아 등록문화재로 지정된 양조장들이 대표적이다. 2018년 현재 등록문화재로 지정된 양조장은 덕산양조장과 경기 양평 지평양조장(제594호), 경북 문경 가은양조장(제706호) 3곳이다.

양평군 지평면 지평리에 위치한 지평양조장(지평주조)은 일제강점기인 1925년에 지어졌다. 1930년에 세워진 덕산양조장보다 앞섰으니 국내 최고(最古) 양조장이라 할 수 있다.

이 건물에는 일제강점기 양조장의 건축양식이 그대로 남아 있다. 지붕에는 통풍 장치가 있고, 벽체와 천장에는 왕겨층 공간이 있어 술을 빚는 데 적합한 온도와 습도를 만들어준다. 양조장 안에는 100년 넘은 우물도 있다. 지금도 이 우물의 물로 막걸리를 빚는다고 한다.

건물 앞에는 잎을 길게 늘어뜨린 버드나무가 수호신처럼 서 있는데, 이 버드나무에도 사연이 있다. 버드나무 뿌리가 우물 밑으로까지 뻗어 있다는 것이다. 버드나무 뿌리는 정수 작용을 해 우물물을 깨끗이 정화하는 역할을 한다고 한다.

지평양조장은 한국전쟁 당시 유엔(UN)군 사령부로 사용되기도 했다. 당시 사령부였음을 알려주는 기념비가 양조장 입구에 세워져 있다. 또 양조장은 드라마 촬영지로도 오래전에 이름을 알렸다. 나이가 좀 있는 사람이라면 '아들과 딸'이라는 드라마를 기억할 것이다. 탤런트 백일섭 씨가 술도가에서 술 한잔 걸치고는 "홍도야~ 우지 마라, 아글씨~!" 하고 노래를 부르곤 했던 배경이

지평양조장

가은양조장

바로 이 양조장이다.

지평주조에서는 3대째 전통방식으로 막걸리를 빚고 있다. 옛 양조장 건물에서는 2016년까지 술을 빚었다. 지금은 바로 옆에 새로 지은 공장에서 술을 빚고 있다. 양평군에서는 옛 양조장을 막걸리박물관으로 조성할 계획이다.

문경시 가은읍에 있는 가은양조장도 예스러운 모습으로 발길을 멈추게 한다. 1938년에 흙벽돌 조적방식으로 지어진 양조장은 1층 생산공간과 2층 사무공간으로 나눠져 있다. 목조로 된 2층의 사무공간이 독특하다. 또 사입실·주입실·저장실과 냉각수 공급용 우물은 양조장의 건축적 특징을 보여준다. 덕산양조장·지평양조장과 마찬가지로 천장에는 온도와 습도 조절을 위한 왕겨층이 있다.

그러나 가은양조장에서는 지금은 술을 빚지 않는다. 과거 가은읍에는 은성탄광이 있어 1970년대까지 양조장은 성황을 이뤘다. 탄광에서 일하던 광부들이 힘든 노동을 막걸리로 달랬기 때문이다. 당시 경상도에서 술이 가장 많이 팔린 곳이 가은읍이라는 이야기가 나올 정도였다. 하지만 탄광의 쇠락으로 2010년 양조장도 문을 닫았다.

+

담배굴은 푸른 담뱃잎을 노랗게 말려내며
갖가지 이야기를 피워 올리던 곳이다.
지역에 따라 '담배굴' '담배건조실' '담배건조장' '담배막' 등으로 불렸다.
수십 년 전까지만 해도 마을 곳곳에 띄엄띄엄 서 있던 담배굴은
나이 지긋한 이들에겐 추억을,
젊은이들에겐 호기심을 자아내곤 했다.
그러나 세월의 더께를 이기지 못한 담배굴들은
하나둘 소리 없이 무너져 내리며
역사의 뒤안길로 사라져가고 있다.
그 누구의 관심도 받지 못한 채.

역사의 뒤안길에 우뚝 선 추억의 그림자

어릴 적 시골마을을 지날 때면 '저건 뭘까' 하는 궁금증이 드는 건물이 있었다. 쩍쩍 갈라진 거친 황토벽, 높다란 벽체 위에 덮인 슬레이트 지붕. 나지막한 시골집들 사이에 탑처럼 우뚝 솟은 흙집은 사람이 사는 집 같지 않았다.

늘 호기심으로 지나치기만 했던 그 건물의 정체를 알게 된 것은 10여 년 전 강원도 정선에서였다. 안개가 아슴푸레하게 낀 어느 새벽, 동강 변에 그림처럼 서 있는 독특한 흙집의 몽환적인 아름다움에 홀렸고, 그때 그 건물이 담배굴이라는 걸 알았다.(당시 보았던 정선군 신동읍 덕천리 연포마을의 담배건조장은 동강7경으로 불렸으나, 지금은 사라지고 없다.)

그러나 언젠가부터 시골마을에 우뚝 솟은 담배굴은 쉽게 볼 수 없었다. 취재를 위해 인터넷을 아무리 뒤져도 아직까지 남아 있는 담배굴을 찾기는 힘들었다. 그런데 고향이 경북 영양인 한 후배가 희소식을 전했다. 어릴 때

부터 담배굴을 보며 자랐고, 최근까지도 담배굴을 여러 개나 봤다는 것이다. 반가운 마음에 곧바로 영양으로 향했다.

마을마다 우뚝 서서 마음을 홀리던 담배굴

영양·청송·영덕·봉화 등 경북 북부지역은 아직도 잎담배의 맥이 이어지고 있는 곳이다. 과거 전매제로 정부가 담배산업을 육성할 때만 해도 잎담배는 돈이 되는 농사였다. 그러나 담배시장이 개방되고 금연정책이 추진되면서 잎담배산업은 줄곧 내리막길을 걸어왔다. 2016년 현재 전국 잎담배 재배농가는 3400여 명으로, 2001년 2만9600여 명보다 크게 줄었다.

경북 안동에서 청송과 영양으로 이어지는 국도에 접어들자, 열대지방의 야자수처럼 커다란 잎을 너풀거리는 담배밭이 펼쳐졌다. 수확철을 맞은 담배밭에선 이른 아침부터 담뱃잎을 따는 손길이 분주했다. 담뱃잎은 6월 말부터 9월까지 네다섯 번 수확을 한다.

언제쯤 담배굴을 볼 수 있을까. 영양읍내에 들어서면서 커져가던 조바심은 오래지 않아 안도감으로 바뀌었다. 읍내를 벗어나자 이내 담배굴이 긴 목을 드러내며 하나둘 나타나기 시작했다.

+

영양군 청기면 구매리에서 발견한 오래된 담배굴이
투박한 모습으로 우뚝 서 있다.
높은 건물을 지탱하기 위해 흙벽에
팔(八)자 모양으로 박은 장대, 습기를 배출하기 위해
지붕 위에 덧댄 작은 지붕, 불을 때던 아궁이와
연기가 빠지던 굴뚝까지 옛 모습이 그대로 남아 있다.

"사실 담배굴은 정부나 지자체, 엽연초조합에서도 관리를 하지 않아 어디에 얼마나 있는지 알 수 없습니다. 청송이나 영덕에는 거의 없지만, 그래도 영양에는 몇 군데 남아 있어요. 영양에는 고추 외에 별다른 소득작물이 없어 아직도 담배농사를 많이 짓거든요."

영양·청송·영덕을 관할하는 진보엽연초생산협동조합의 장성우 조합장은 이렇게 설명했다.

영양은 'BYC(봉화·영양·청송)'라 불리는 경북 북부의 오지 중에서도 오지다. 그래서 다른 곳에서는 보기 힘든 담배굴이 아직도 남아 있는 것인지 모른다. 실제로 영양읍·석보면·청기면·일월면 일대를 하루 동안 둘러보며 찾은 담배굴은 모두 10여 개. 다른 읍·면까지 합한다면 20~30개는 족히 되지 싶다.

"뿌술 힘이 없어 그냥 놔뒀니더."

농촌의 고령화가 담배굴을 살린 것일까. 영양에서 만난 담배굴 주인들은 한결같이 이렇게 말했다. 70~80대가 대부분인 주인들은 담배굴을 부술 힘도, 지킬 힘도 없어 보였다. 그저 농기구나 살림살이를 넣어두고 방치하는 게 전부였다. 그렇게 손을 대지 못한 주인장들 덕분에 영양의 담배굴들은 옛 모습을 고스란히 간직하고 있었다.

선조들의 지혜가 담긴 독특한 구조

13.2㎡(4평) 크기의 바닥에 7~8m 높이로 서 있는 흙집은 담배굴의 독특한

+

담배굴 내부에는 '달대'라 불리는 긴 장대가 걸려 있다.
천장까지 칸칸이 걸린 달대에 담뱃잎을 엮은 새끼줄을 걸어 말렸다.
외벽에는 담배가 잘 마르는지 들여다보거나 손을 대어 확인하기 위해 작은 창을 냈다.

+

영양에서는 다양한 모양의 담배굴들을 만날 수 있다. 푸른 담쟁이로 덮인 담배굴, 우뚝한 건물에 흙집을 덧댄 담배굴, 아래쪽에 시멘트를 바른 담배굴이 눈길을 끈다.

구조를 그대로 보여준다. 높은 건물을 지탱하기 위해 팔(八)자나 엑스(X)자 모양으로 외벽에 가로 댄 나무기둥, 외기가 들어오지 않도록 2중으로 만든 출입문, 잎이 잘 마르는지 들여다보던 작은 유리창, 지붕으로 오르던 사다리, 불을 때던 아궁이와 굴뚝…….

내부도 마찬가지다. 내벽 양쪽에는 5~6개의 장대가 천장까지 일정한 간격으로 붙어 있다. 수확한 담뱃잎을 새끼줄에 촘촘히 엮은 뒤 '달대'라 불리는 이 장대에 양쪽으로 층층이 걸어 말렸다고 한다. 담배굴의 천장이 높은 것도 이 때문이다.

"바닥에는 굵은 쇠파이프가 깔려 있었어요. 밖에 있는 아궁이에서 불을 때면 파이프로 전달된 열이 위로 올라가면서 순환되는 대류 현상이 일어나 담뱃잎을 건조시키는 거죠. 열은 위로 올라가잖아요? 옆으로 길쭉한 구조는 열이 잘 전달되지 않아 좁고 높게 만든 겁니다. 그러고 보면 옛날 사람들 머리가 참 좋은 것 같아요."

장 조합장의 설명처럼 담배굴의 독특한 구조는 그냥 만들어진 것이 아니다. 겨울에는 따뜻하고 여름에는 시원한 황토집의 원리를 이용하면서 담뱃잎을 건조하기 좋도록 설계한 것이다.

달대부터 까치집까지 이름마다 추억이

습도를 조절하는 데 가장 중요한 역할을 한 것은 지붕 위에 덧댄 작은 지붕으로, 과거엔 '까치집'이라 불렀다. 1960~1970년대 엽연초조합에서 근무했던 김홍주 씨는 이렇게 기억했다.

"까치집은 모양에 따라 '파고다식'과 '아리랑식'이 있었어요. 지붕 위에 덧댄 까치집이 긴 것이 파고다식, 짧은 것이 아리랑식이에요. 담뱃잎을 노란색으로 잘 말리려면 배습을 조절하는 까치집의 모양이 중요했죠. 1960년대인가 파고다식, 아리랑식 구조가 나와 담배굴 설계도를 갖고 농가들을 지도했어요. 잎담배는 광해군 때 들어왔다고 하는데 1900년대 초부터 본격적으로 재배가 시작됐으니 이런 형태의 담배굴은 아마도 일제시대 때 생겨났을 겁니다."

나지막한 시골집과 담배굴이 어우러진 풍경은 한없이 평화로워 보인다.
그러나 시골마을에 방치된 낡은 담배굴들은 언제 무너져 사라져버릴지 모른다.

김씨는 까치집에 얽힌 추억도 이야기했다.

"파고다식이나 아리랑식이 나오기 전에는 까치집에 나무판자 다섯 개를 대어 습기를 조절했어요. 어릴 적 아버지가 '한 짝만 덮어라'고 하면 사다리를 타고 올라가 판자 한 개를 덮곤 했죠. 그 판자 위에는 외기가 들어오지 않도록 짚을 깔아뒀는데, 숨바꼭질할 때 거기 숨으면 아무도 못 찾았어요."

+

지금은 수확한 담뱃잎을 벌크건조기에 넣어 말린다.
1970년대 말부터 벌크건조기가 보급되면서 담배굴은 사라져갔다.

담배굴을 지을 땐 가족이나 이웃이 모여 품앗이를 했다. 높이가 높아 혼자서는 쉽게 지을 수 없었기 때문이다. 벽체는 뼈대를 세우고 짚을 섞은 황토를 뭉쳐 아래에서 던지는 방식으로 만들었다. 수시로 들여다봐야 했기 때문에 보통 집 근처에 지었는데, 두세 개씩 갖고 있는 집도 있었다.

기쁨도 슬픔도 담배굴에서 피어나

집집마다 한두 개씩 있던 담배굴에는 담배농사의 애환이 깃들었다. 무엇보다도 힘든 것은 불을 때는 일. 보통 한 번 잎을 수확하면 열흘 정도 불을 땠으며, 불이 꺼지지 않도록 밤에도 수시로 일어나 들여다보곤 했다. 처음엔 장작으로 불을 때다가 나중엔 연탄, 기름으로 바뀌었다. 푸른색의 담뱃잎이 누렇게 변하는 황색기와, 황색을 고정시키는 색택 조정기를 잘 파악해 불을 조절해야 하는데, 불 조절이 어려웠다. 그래서 벽에 있는 작은 유리창으로 잎이 잘 마르는지 들여다보거나 유리창에 손을 대 온도를 가늠했다.

담뱃잎을 거는 일도 중노동이었다. 삼복더위에 좁은 담배굴에서 하루 종일 담뱃잎을 걸다 보면 땀과 담뱃진에 범벅이 됐다. 또 달대에만 의지해 천장까지 올라가며 담뱃잎을 걸다 보니 떨어지는 일도 부지기수였다. 김홍주 씨는 이런 일화도 전했다.

"아버지와 아들이 양쪽 벽에 올라가 달대에 담뱃잎을 걸면 며느리가 밑에서 잡아주곤 했는데 여름이라 남자들이 삼베 반바지 하나만 입고 올라가는 거예요. 그러면 밑에 선 며느리가 민망해서 위를 올려다보질 못했어요."

담배굴은 아이들에겐 숨기 좋은 놀이터였고, 청춘 남녀들에겐 물레방앗간처럼 사랑을 나누는 공간이 되기도 했다. 여름엔 시원하고 겨울엔 따뜻해 음식을 보관하거나 말리는 데에도 요긴했다.

한여름 담배굴에서 정성 들여 말린 잎담배는 10월에 수매가 이뤄졌다. 잎담배를 수매하는 날이면 온 마을에 막걸리가 돌았다. 힘들게 지은 잎담배 농사는 자식들을 키우고 지역경제를 살리는 효자 노릇을 했다. 엽연초조합의 지도사가 면장보다 낫다는 말이 돌 정도였다.

청기면 산운리에 사는 구만서 씨는 "담배농사로 자식들 다 키웠는데, 이제는 담뱃값도 떨어지고 힘도 없어 농사를 접었다"며 담배농사의 현실을 토로했다.

+

여름철 영양에서는 푸른 담뱃잎이 너풀거리는 담배밭을 지천으로 볼 수 있다. 가녀린 담배꽃이 예쁘다.

이렇듯 농촌마을에 갖가지 이야기를 만들어내던 담배굴은 1970년대 말 전기와 석유를 이용한 벌크건조기가 등장하면서 설 자리를 잃었다. 1990년대까지 일부 활용되기도 했으나 지금은 담배굴이라는 이름조차 낯설어졌다.

"50년 전 아버지와 함께 직접 지은 담배굴이 너무 아까워 못 헐고 있어요. 자식들은 없애라고 하지만, 이 담배굴마저 헐어버리면 옛날에 담배농사를 어떻게 지었는지 아무도 모르지 않겠어요?"

영양읍에 사는 우영득 씨는 힘들게 담배농사를 짓던 이야기를 남기고 싶다고 했다. 그의 바람처럼 이제 얼마 남지 않은 담배굴들이 더 이상 스러지지 않도록 누군가 받쳐줄 순 없는 것일까.

민박으로 다시 태어난 담배굴

민박으로 리모델링한 담배굴

다른 곳에서는 보기 힘든 담배굴을 발견하는 즐거움도 잠시, 영양에서 만난 10여 개의 담배굴들은 모두 창고로 쓰이거나 방치돼 있었다. 그런데 언제 허물어질지 모르는 담배굴들 사이에서 반가운 담배굴 하나를 발견했다. 조각가 박휘석 씨가 정성스럽게 가꾼 일월면 칠성리의 담배굴이다.

'황초굴 공예촌'이라는 공방을 운영하는 박 씨가 리모델링한 이 담배굴은 별채 겸 민박으로 활용되고 있다. 투박한 흙벽과 슬레이트 지붕은 여느 담배굴과 다를 바 없지만, 하얀 창에 베란다가 달려 있어 가정집으로도 손색이 없어 보인다. 또 벽에 달린 조명등과 개구리 모양의 조각이 흙집의 운치를 더한다. 안으로 들어서자 복층 구조로 된 내부가 깔끔하게 단장돼 있다. 가정집으로 쓰기에 담배굴이 허술하진 않을까?

"담배굴은 벽체가 20~30㎝로 두꺼워 튼

담배굴 내부

튼합니다. 게다가 안쪽에 황토벽돌을 한 겹 더 쌓았어요. 그러니 벽체의 총 두께가 50~60㎝나 돼 단열이 잘됩니다. 황토와 나무로 지어져 건강에도 좋고요. 1층 바닥엔 구들을 깔아 아궁이에 불을 때고, 2층엔 보일러를 설치했어요."

대구에서 미술교사를 하다 퇴직한 박씨는 담배굴에 반해 10여 년 전 이곳으로 들어왔다. 막연히 귀촌을 생각하던 중 우연히 고향인 영양의 일월산에 아내와 함께 등산을 왔다가 이 담배굴을 발견한 것이다.

"어릴 적 부모님이 담배농사를 지어 담배굴에 대한 추억이 떠올랐어요. 담배굴에서 숨바꼭질도 하고 고구마도 구워 먹었죠. 담배굴은 조형적으로도 활용 가치가 높아요. 대부분의 집들은 수평으로 긴 형태인데, 담배굴은 수직으로 길어 독특한 멋을 드러낼 수 있죠. 벽체와 지붕도 투박한 멋이 있고요."

그는 담배굴에 대한 각별한 애정으로 공방에도 '황초굴'이라는 이름을 달았다. '황초(黃草)'는 누렇게 변한 담뱃잎을 뜻하는 말로, 예전엔 담배굴을 황초굴이라 불렀단다. 그의 바람은 이런 담배굴을 두 채 더 지어 지역의 명소로 만드는 것이다.

"담배굴 세 채가 나란히 있으면 영양의 명물이 되지 않을까요? 크기가 작은 담배굴은 한 가족이 오붓하게 지내며 쉬기 좋아요. 담배굴을 전시나 체험공간, 펜션 등 다양한 용도로 활용하는 방안을 정부나 지자체 차원에서도 모색했으면 합니다."

+

수확한 농산물을 말리거나 저장하는 창고는
농촌 어디에서나 쉽게 볼 수 있다.
창고에는 들판의 곡식과 푸성귀뿐 아니라
농업의 역사와 농민들의 삶까지 그득히 들어 있다.
기술의 발달과 유통의 변화로 본래 기능을 상실한 채
방치된 창고들이 늘고 있지만,
최근 다양한 공간으로 새롭게 태어나는 창고들도 생겨나고 있다.
낡고 오래된 농촌의 자원들이 나아갈 미래를 보여주는
창고들을 만났다.

현재와 미래를 담는 새로운 공간으로

영화 〈러브레터〉 촬영지로 알려진 일본 홋카이도 오타루의 명소는 도시 가운데를 흐르는 운하다. 운하 양옆으로는 벽돌로 된 예스러운 창고들이 늘어서 있어 이국적인 풍경이 펼쳐진다. 운하와 창고는 작은 어촌이었던 오타루가 항구도시로 발전하면서 배의 화물을 내리고 보관하기 쉽게 하기 위해 1910~1920년대에 만들어졌다.

지금도 운하는 그대로 흐르지만 창고들은 이제 화물을 보관하진 않는다. 대신 카페와 레스토랑, 공예품 가게 등으로 바뀌어 성업 중이다. 세계에서 가장 규모가 큰 오르골 가게로 변한 미곡창고를 비롯해 오래된 창고들이 관광객들을 불러 모으고 있다.

우리나라에도 최근 오타루처럼 창고를 리모델링해 관광명소로 떠오른 곳들이 생겨나고 있다. 시골마을마다 있던 창고들이 카페·갤러리·게스트하우

+

1920년대에 지어진 양곡창고가 복합문화공간으로 변신했다.
옛 창고 건물 사이 야외공간에는 갖가지 형상의 예술작품들이 설치돼 있다.

스 등 다양한 형태로 되살아나고 있는 것이다. 그야말로 '창고 전성시대'다.

그중에서도 일찌감치 복합문화공간으로 변신해 관심을 모은 양곡창고가 있다. 시골 아낙처럼 순박한 이름을 지닌 전북 완주의 '삼례문화예술촌'이다.

100년 전 양곡 수탈의 역사를 만나다

칠이 벗겨진 낡은 벽, 녹슨 철망이 쳐진 창, 빛바랜 육중한 철문. 삼례읍 후정리에 있는 삼례문화예술촌에 들어서자, 오래된 건물들이 먼저 옛이야기를 꺼낸다. 100년 역사의 흔적을 간직한 일제강점기 양곡창고들이다.

"일본인 대지주 시라세이가 1926년 설립한 이엽사농장의 양곡창고로 추정됩니다. 만경강 상류에 위치한 삼례지역은 군산·익산·김제와 함께 일제강점기 양곡 수탈의 중심지였습니다. 만경평야에서 생산된 쌀을 군산항을 통해 반출하기 전에 보관하던 창고였지요. 일제강점기 때 쓰던 이런 대형창고들이 다른 곳에도 많이 있었는데 대부분 다 없어졌어요."

문성준 문화관광해설사의 말이다. 지금은 주민 1만5000여 명에 불과한 작은 마을이지만, 과거 삼례는 한양으로 올라가는 길목으로 교통의 요지였다. 그러나 1914년 삼례역이 생기면서 일제는 철도를 이용해 양곡을 수탈했고, 양곡창고는 수탈의 기지가 됐다.

삼례문화예술촌에는 6동의 창고와 1동의 관사가 있다. 창고 관리인이 살던 관사는 일본식 전통가옥의 형태가 남아 있다. 지금은 종합안내소로 바뀌었지만, 그 전까지 이 건물에는 사람이 살았다고 한다.

창고와 관사는 역사적·문화적 가치가 높아 등록문화재(제580호)로 지정됐다. 총 건축면적은 2497㎡(755평), 대지면적은 1만1825㎡(3577평)에 이른다니 일본의 양곡 수탈 규모가 어떠했을지 짐작이 간다. 당시 창고 근처에서는 '한 말 한 섬' 하고 쌀 세는 소리가 들렸다고 한다.

쌀 대신 예술작품들이 가득한 창고

창고 안으로 들어서자 과거는 저만치 뒤로 물러난다. 옛 모습 그대로인 외관과 달리 창고 내부는 현대적인 분위기로, 밖에서는 상상하지 못한 공간이 펼쳐진다. 6동의 창고에 문화예술 분야의 전문가들이 저마다의 색깔을 입혔기 때문이다.

미술작품들이 전시된 '모모미술관'과 가상현실 체험공간인 '디지털아트관', 소극장 '시어터애니'에서는 다양한 예술장르를 만날 수 있다. 옛 인쇄기계들이 전시된 '책공방 북아트센터'에서는 책의 역사를 살펴볼 수 있고, 전통

+
창고 외벽에 쓰인 '협동생산 공동판매'라는 문구와 농협 마크가 눈길을 끈다. 유일하게 1970년대에 지어진 창고다.

창고에는 오래된 철문과 빛바랜 농협 마크가 그대로 남아 있다.

목가구와 연장들이 벽면을 가득 채운 '김상림목공소'는 짙은 나무향이 매력적이다. 또 지역 주민들의 취미·여가활동 공간인 커뮤니티 '뭉치'와 문화카페 '뜨레'도 있다. 예술촌 운영은 각 공간의 대표들로 구성된 '삼삼예예미미협동조합'이 완주군의 위탁을 받아 하고 있다.

그런데 신기한 것은 천장이 높고 면적이 넓은 창고 건물은 미술관·목공소·카페 등 어떤 공간과도 잘 어울린다는 점이다. 과거 양곡에 습기가 닿는 것을 막기 위해 빗살 모양으로 덧댄 내벽의 목재와 천장의 트러스 구조는 인테리어 효과까지 더한다. 과거가 현재를 더욱 빛내준다고 할까? 곳곳에 남아 있는 과거의 흔적을 찾아보는 것도 색다른 묘미다.

문성준 해설사는 "100년이 지나도 끄떡없을 정도로 튼튼하게 지어진 데다 천장과 바닥의 환기창, 지붕 아래에 덧댄 차양 등 옛 건물의 구조까지 그대로 살렸다"며 "옛 창고 건물을 현대적으로 활용한 모델로 삼을 수 있을 것"이라고 말했다.

과거와 현재의 만남은 계속된다

양곡창고가 삼례문화예술촌으로 다시 태어난 것은 2013년. 해방 이후 1970년대부터 삼례농협의 양곡창고로 사용되던 것을 2010년 완주군이 매입해 예술촌으로 조성했다.

"과거에는 포대로 쌀을 수매해 쌓아뒀기 때문에 큰 창고가 필요했어요. 그러나 톤백(ton bag, 대형 포대)으로 수매방식이 바뀌고 전라선 복선화로 삼례역이 옮겨가면서 양곡창고의 기능이 약화됐지요. 양곡창고를 통해 농업의 변천사도 살펴볼 수 있습니다."

+

전통 목가구와 목공 연장들이 벽면을 가득 채운 김상림목공소에 들어서면
은은한 나무향이 발길을 멈추게 한다.
옛 인쇄기계들이 전시된 책공방 북아트센터도 추억을 떠올리게 하는 공간이다.

삼례농협 관계자의 설명이다. 농협에서 사용한 역사는 건축물에 또 다른 무늬를 남겼다. 곳곳에 남아 있는 빛바랜 농협 마크와 외벽에 적힌 '협동생산 공동판매' '불조심' 등의 문구는 1970~1980년대 농촌의 모습을 보여준다.

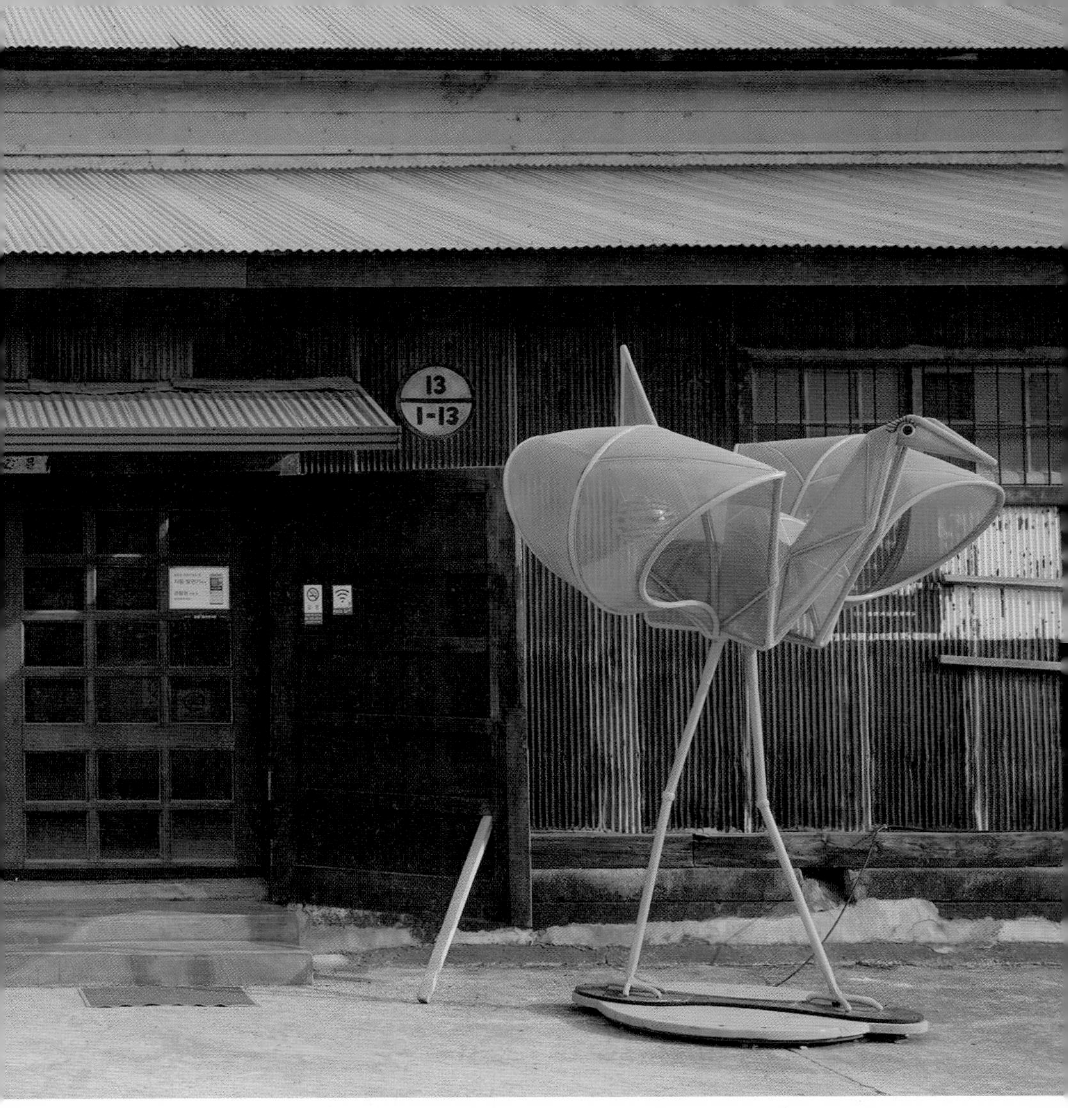

낡고 오래된 창고 건물과 현대적인 예술작품들이 어우러진 모습이 이색적이다.

매년 4만여 명이 찾는 예술촌은 이제 완주의 명소가 됐다. 2013년에는 국토교통부의 '대한민국 공공 건축상' 대통령상을 수상하기도 했다. 완주군에서는 여기에 머물지 않고 삼례문화예술촌을 중심으로 한 문화마을 조성을

창고를 리모델링해 나무 느낌을 살린 카페가 멋스럽다.
과거 습기를 막기 위해 덧댄 벽면의 빗살무늬 목재가 인테리어 효과를 낸다.

추진하고 있다. 옛 삼례역사를 세계막사발미술관으로 조성한 데 이어 예술촌 옆 비료창고를 책마을문화센터로 탈바꿈시켰다. 또 주민들이 생산한 먹거리와 공예품을 파는 전시장·판매장도 만들 계획이라고 한다. 낡은 창고에서 시작된 시골마을의 변화가 어디까지 이어질지 자못 기대된다.

제주도 감귤창고카페 순례

천장이 높고 탁 트인 창고는 카페로 활용하기에 좋다. 특히 제주도에는 감귤을 보관하던 창고를 리모델링한 카페들이 붐처럼 생겨나고 있다. 감귤밭을 배경으로 하거나 제주도의 아름다운 풍광과 어우러진 감귤창고카페들은 관광객들이 찾아가는 '핫 플레이스'로 떠오르고 있다.

느영나영 감귤창고 외관

안덕면 '느영나영 감귤창고'

이름부터 메뉴까지 대놓고 감귤창고임을 자처하는 안덕면 서광리의 '느영나영 감귤창고'부터 찾았다.

제주를 상징하는 돌담과 감귤이 벽에 그려진 카페 안으로 들어서자, 198㎡(60평)의 넓은 공간에 새콤한 감귤 향기가 감돈다. 높은 천장에는 창고 특유의 목재 트러스 구조가 그대로 드러나 있고, 벽에는 '감귤창고'라는 글씨가 커다랗게 쓰여 있다. 복층으로 만든 좌식공간도 있어 넓은 창고공간을 효율적으로 활용한 모습이 돋보인다.

감귤을 테마로 한 메뉴들은 감귤창고라는 콘셉트에 딱 들어맞는다. 메뉴로는 영귤차·한라봉차·감귤생과일주스 등 음료와 감귤피자·귤꿀팬케이크·귤꿀가래떡구이 같은 디저트가 있다. 커피에 설탕 대신 감귤청을 넣고 말린 감귤을 얹은 '감귤크런치노'는 이곳의 '시그니처 메뉴'로 꼽힌다.

이 카페는 마을 주민들이 직접 운영한다. 20년 전까지만 해도 주민들이 이곳에서 감귤 선과작업을 했으나 2000년대 들어 농협이 작업을 도맡아하면서 창고는 방치돼왔다. 그러다 2014년 주민들이 뜻을 모아 창고를 마을 카페로 조성했다. 카페 이름의 '느영나영'은 '너하고 나하고'라는 뜻의 제주도 사투리다. 카페는 '느영나영'이라는 이름처럼 마을 주민들의 사랑방 역할도 하고 있다.

감귤크런치노와 영귤차

귤꿀가래떡구이

느영나영 감귤창고 내부

서광춘희 외관

안덕면 '서광춘희'

느영나영 감귤창고에서 1km가 채 되지 않는 거리에 또 다른 감귤창고카페인 '서광춘희'가 있다. 카페와 식당을 겸한 이곳은 아담한 창고에 고가구와 아기자기한 소품으로 꾸며져 있어 아늑한 분위기가 난다.

커피와 유자차·청귤차·생당근주스 등 음료를 팔지만 주메뉴는 성게라면이다. 성게라면은 한 방송에 소개되면서 점심시간에는 줄을 서야 할 정도로 찾는 이들이 늘고 있다. 해산물로 시원하게 끓인 국물에 성게알과 미역·숙주나물·호박고지 등이 들어간 라면은 제주에서만 맛볼 수 있는 별미다.

서광춘희 내부

성게라면

뉴저지카페 외관

한경면 '뉴저지카페'

한경면 저지리에도 창고 특유의 느낌을 제대로 살린 감귤창고카페가 있다. 이름부터 미국 뉴욕의 뉴저지를 떠올리게 하는 '뉴저지카페'다. 감귤밭 안에 자리 잡아 커다란 창으로 감귤나무를 바라보는 전망이 좋다. 회색 벽의 창고 외관을 그대로 살린 데다 내부 인테리어도 빈티지한 분위기를 더해 마치 뉴욕의 펍에 와 있는 듯한 느낌이 든다. 다양한 음료와 맥주를 판매하며, 외국인들도 많이 찾는다.

뉴저지카페 내부

국가중요농업유산과 세계중요농업유산(GIAHS)

화려한 궁궐이나 웅장한 탑 같은 문화재만 보존할 가치가 있는 것은 아니다. 화려하거나 웅장하진 않지만 오랜 세월 우리 민족의 생명을 책임져온 논이나 밭도 보존할 가치가 있는 소중한 자원이다.

그러나 이러한 농촌의 자원들은 개발과 효율성의 논리에 밀려 하나둘 사라져가고 있다. 농업과 농촌은 식량을 공급하는 역할뿐 아니라 환경 보전, 경관 유지, 전통문화 계승 같은 공익적 기능을 묵묵히 수행하고 있지만 사람들은 이 같은 기능에 대해 잘 모르고 관심도 없다.

다행히 정부에서는 2013년부터 농촌의 자원 중에서도 전통적인 농업 생산 방식을 유지하며 독특한 가치를 지닌 자원을 '국가중요농업유산'으로 지정해 관리하고 있다. 2002년 유엔식량농업기구(FAO)가 세계중요농업유산(GIAHS, Globally Important Agricultural Heritage Systems)을 지정하면서 국내에서도 농업유산제도를 도입하게 된 것이다. FAO는 차세대에 계승해야 할 세계적으로 중요한 농업이나 생물다양성 등을 지닌 농업유산을 보호할 목적으로 세계중요농업유산을 지정하고 있다.

농업유산은 농민이 지역의 환경·사회·풍습 등에 적응하면서 오랫동안 형성·진화시켜온 전통적 농업활동과 시스템, 그 결과로 나타난 농촌 경관을 말한다. 한마디로 자연과 공존하며 살아온 선조들의 지혜의 산물이라 할 수 있다. 농업유산 가운데 농업적 전통이 깊고 문화적 가치가 크며 국가적인 대표성이 있는 자원에 대해 정부는 국가중요농업유산으로 지정한다.

국가중요농업유산 지정은 꽤 까다로운 절차를 거친다. 지역 주민이나 주민협의체 등의 동의를 받아 시장·군수가 신청하면, 전문가로 구성된 농업유산자문위원회의 현장조사와 심사를 거쳐 최종적으로 지정한다. 심사에서는 농산물의 생산과 주민 생계유지에 이용되고 있는지, 고유한 농업기술이나 기법을 보유하고 있는지, 농업활동과 연계된 전통문화를 보유하고 있는지, 농업활동과 관련된 특별한 경관이 형성돼 있는지, 생물다양성의 보존과 증진에 기여하고 있는지 등을 평가한다.

이러한 절차를 거쳐 2013년 완도 청산도 구들장논과 제주 밭담을 시작으로 구례 산수유농업, 담양 대나무밭, 금산 인삼농업, 하동 전통 차농업, 울진 금강송 산지농업, 부안 유유동 양잠농업, 울릉 화산섬 밭농업 등 9곳이 2018년 현재 국가중요농업유산으로 지정됐다.

농업유산제도는 보존(保存)과 규제 중심인 문화재 정책과 달리 보전(保全)과 활용이 중심이 된다. 있는 그대로 지키기만 하는 것이 아니라 잘 지키면서 현대에 맞게 활용하자는 것이다. 국가중요농업유산으로 지정되면 해당 지역 주민과 지자체는 농업유산의 보전·활용을 위한 계획을 수립하고 정부는 예산을 지원한다.

또 세계적으로 보전할 만한 가치가 있는 자원에 대해서는 세계중요농업유산 등재를 추진한다. 국가중요농업유산 가운데 청산도 구들장논과 제주 밭담, 금산 인삼농업, 하동 전통 차농업이 세계중요농업유산에 이름을 올렸다.

세계적으로는 필리핀 이푸가오 계단식논, 일본 사도섬 따오기농업, 중국 완족 전통 벼농업, 페루 안데스 농업시스템 등 28개국 50곳(2018년 6월 말 기준)이 세계중요농업유산에 등재됐다.

농업유산은 박물관에 전시된 화석이 아닌 살아 있는 유산이며 농촌의 미래를 여는 자원이다. 만약 청산도의 구들장논이 농업유산으로 지정되지 않았다면 지금쯤 어떻게 됐을까? 멀고 먼 외딴섬에서 힘겹게 명맥을 유지하다 자취를 감춰버렸을지도 모른다. 사라져가는 농업유산을 발굴해 보전하는 일은 이 땅의 생명들이 어떻게 살아왔는지 되돌아보는 일이 될 것이다.

추억과 흔적 사이를 걷다

사라져가는 농촌문화유산을 찾아서

1판 1쇄 발행일 2018년 11월 30일
1판 2쇄 발행일 2019년 5월 14일

지은이 김봉아
펴낸이 이상욱

기획·제작 최상구 김명신 손수정
디자인&인쇄 지오커뮤니케이션

펴낸곳 책넝쿨
출판등록 제25100-2017-000078호
주소 서울시 서대문구 독립문로 59
홈페이지 http://www.nongmin.com
전화 02-3703-6136 | **팩스** 02-3703-6213

ISBN 979-11-86959-06-0 (03980)
잘못된 책은 바꾸어 드립니다. 책값은 뒤표지에 있습니다.

이 도서의 국립중앙도서관 출판예정도서목록(CIP)은 서지정보유통지원시스템 홈페이지(http://seoji.nl.go.kr)와
국가자료종합목록시스템(http://www.nl.go.kr/kolisnet)에서 이용하실 수 있습니다. (CIP제어번호 : CIP2018037772)

이 도서는 한국출판문화산업진흥원 2018년 우수출판콘텐츠 제작 지원 사업 선정작입니다.